BYE-BYE PLASTIK

BESSER LEBEN OHNE KUNSTSTOFF

EINFACHE
TIPPS FÜR
DEN ALLTAG

HEEL

HEEL Verlag GmbH8
Gut Pottscheidt
53639 Königswinter
Tel.: 02223 9230-0
Fax: 02223 9230-13
E-Mail: info@heel-verlag.de
www.heel-verlag.de

Originaltitel: Le plastique c'est pas automatique
Original-ISBN: 978-2-412-04312-7

Autorin: Sophie Noucher
Illustrationen und Layout: Claire Morel Fatio
Lektorat: Anne-Lise Martin

Deutsche Ausgabe:
Übersetzung aus dem Französischen: Christa Trautner-Suder, Weilheim
Satz: gb-s Mediendesign, Königswinter
Coverdesign: Axel Mertens, Königswinter
Projektleitung und Lektorat: Iris Bahr

Fotos: fotolia.de: ©chaiyapruek (Cover),
© Tunatura (U4)

FSC
www.fsc.org
MIX
Papier aus verantwortungsvollen Quellen
FSC® C118234

Printed in Slovenia
Gedruckt auf Recyclingpapier (Cyclus Offset)

ISBN 978-3-95843-914-6

SOPHIE NOUCHER

BYE-BYE PLASTIK!

BESSER LEBEN OHNE KUNSTSTOFF

EINFACHE TIPPS FÜR DEN ALLTAG

HEEL

INHALTSVERZEICHNIS

EINLEITUNG: WARUM ICH BESCHLOSSEN HABE, MICH VOM PLASTIK ZU VERABSCHIEDEN

An einem Mittwochmorgen höre ich, noch etwas verschlafen vor meinem Becher mit heißem Tee sitzend, das Motorengeräusch der nahenden Müllabfuhr. Sofort bin ich hellwach: **Ich habe vergessen, den Müll hinauszubringen!** Und zwar nicht um irgendeinen Müll: wir sprechen von der gelben Tonne. Sie wird nur alle 14 Tage geleert. Sie ist immer randvoll. Es sind die sogenannten „recycelbaren Abfälle": Verpackungen aus Kunststoff, Metall, Verbundstoff und Naturmaterialien. Es ist der Müll, den man NICHT VERGESSEN darf, weil sonst die folgenden 2 Wochen sehr lästig werden! **Noch im Pyjama und pausenlos vor mich hin fluchend, ziehe ich die vermaledeite Tonne schnell auf den Gehweg. Zu spät.**

Also zog ich unsere Tonne so unauffällig wie möglich in die nächste Straße und stellte sie vor einem Haus ab, wo bereits zwei Tonnen standen. Die Müllmänner merkten nichts. Ich war erleichtert und kam mir gleichzeitig etwas lächerlich vor. An diesem Tag wurde mir bewusst, dass unsere fünfköpfige Familie vielleicht zu viel Müll produzierte – wenn es schon zu einem echten Problem wurde, wenn ich einmal vergaß, die Tonne hinauszustellen.

Gibt es in unserem Leben nicht einfach zu viele Verpackungen?

Als ich am nächsten Tag vom Einkaufen zurückkam, dachte ich wieder an diesen Haufen Abfall – Kekspackungen, Beutel, Sichtverpackungen, Mehrfachpackungen, verschiedene Flaschen, Kanister und Dosen. Lauter Überbleibsel vom wöchentlichen Großeinkauf im Supermarkt, aus meinen vier großen Einkaufskörben. Und während ich mir mein strapaziertes Kreuz massierte, wurde mir dasselbe bewusst wie am Vortag: das alles war viel zu viel. Ich erstickte in Verpackungen, ich verlor das rechte Maß!

WOCHENEINKAUF
• 2 Mehrfachpackungen Wasser
• Kekse
• Pulver + Klarspüler
• Waschmittel
• Trockenfutter für die Katze
• Vakuumverpacktes Fleisch
• 12 Joghurts
• 2 Mehrfachpackungen Milch
• 3 oder 4 Fruchtsäfte
• 2 Packungen Nudeln
• 1 Packung Reis
• 1 Packung Grieß
• 1 Packung Quinoa usw.
ziemlich schwer, gekauft aus Misstrauen gegenüber dem Leitungswasser
10–15 Packungen für die Nachmittage (müssen jedes Wochenende nachgekauft werden) in Schalen und Beuteln
im Kanister
samt dem dazugehörigen Berg an Verpackungen!
für die Spülmaschine
zwar Bio-Ware, aber in einer Verpackungsschale

Das war schwerwiegend, auch im wörtlichen Sinn. Meine Schränke waren voll von Plastiktüten. Dabei bin ich gar nicht wild darauf, Dinge zu horten wie so manch einer – aus Angst, es könne ihm an etwas mangeln. Ich bin einfach nur eine Familienmutter mit drei verfressenen Söhnen im Alter von 4 bis 15 Jahren, und ich wohne am Rande einer Kleinstadt, wo man den täglichen Bedarf nicht im Laden an der Ecke decken kann. Zumindest bei einem Teil der Einkäufe bin ich auf Supermärkte und mein Auto angewiesen. So kam es wohl zu dieser Unmenge an Dosen. Aber musste ich wirklich meine Schränke mit Einwegverpackungen vollstopfen, um fünf Personen eine Woche lang zu ernähren?

Einige Tage später stieß ich auf eine Information: **Inzwischen wurde Plastik sogar im menschlichen Blut gefunden,** unabhängig davon, in welchem Land dies untersucht wurde, und zwar bereits bei Babys! Dieses Plastik, das uns umgibt und unseren Planeten verschmutzt, vergiftet uns langsam aber sicher. Nicht nur das Bisphenol A, das in der Herstellung von Babyfläschchen inzwischen verboten ist. Nein, auch andere Substanzen im Plastik, die eingeatmet, mit der Nahrung oder über die Haut aufgenommen werden. Ich betrachtete meine leicht verschmutzte gelbe Tonne und die Verpackungen darin mit ganz neuen Augen. Verpackungen von Produkten, die wir gegessen, mit denen wir uns oder unsere Wäsche gewaschen hatten. Diese übel riechende Tonne deckte auf, wie gedankenlos wir einkauften.

Also beschloss ich, die Sache in den Griff zu kriegen und mich erstens besser zu informieren und zweitens einige Dinge in unserem Leben zu ändern. Das 50:50-Prinzip bei Kindern (Essen, Hausaufgaben und tägliche Aktivitäten) und Arbeit habe ich beibehalten (ich schreibe als Journalistin für Publikumszeitschriften zu den Themen Wirtschaft bis Jugend). Aber sonst habe ich einiges umgestellt: Ich gehe jetzt öfter einkaufen, statt nur einmal die Woche einen Großeinkauf zu machen. Aber vor allem haben sich meine Einkaufslisten verändert und das, was wir in den Schränken haben (sowohl die Behältnisse als auch ihr Inhalt). Und mein Mann und ich haben die Freude am Kochen wiederentdeckt.

Drei Monate später ist die berühmte gelbe Tonne nur noch zu 2/3 gefüllt, wenn die Müllabfuhr kommt. OK, noch kein Grund, in Verzückung zu geraten, aber ein guter Anfang. Ich habe viel gelesen, mich umgehört und umgesehen und vieles über das Phänomen Kunststoff gelernt. Und über die Unfähigkeit des Menschen, die Auswirkungen seiner Erfindungen zu beherrschen.

Ich habe meinen freien Willen auch beim Konsum zurückgewonnen, und das will durchaus etwas heißen. Auch meine Söhne haben begonnen, über ihr Kaufverhalten nachzudenken. Bei dieser kleinen Revolution haben mich einige Angehörige sehr unterstützt, die selbst bereits versuchen, gesünder zu leben und ihren Plastikmüll zu reduzieren. Ebenso hilfreich waren Leitfäden und Blogs mit ihren Tipps, wie man Produkte und Verpackungen ersetzen kann, deren Schädlichkeit bekannt ist – oder vermutet wird.

Alles, was ich dabei gelernt und in meinem Alltag verändert habe, gebe ich in diesem Buch an euch weiter. Ich habe versucht, die Risiken einzuschätzen, die mit dem allgegenwärtigen Plastik in Zusammenhang stehen, und machbare Abhilfe zu finden. Manchmal genügt es, ein anderes Produkt zu kaufen oder etwas einfach nicht mehr nachzukaufen. Und man kann Dinge selbst herstellen – nur ganz einfache natürlich, denn ich habe weder Zeit noch Talent, einen Professor in Chemie zu machen. Ich habe Rezepte von Freundinnen und aus Ratgebern zum Thema Zero Waste (null Abfall) ausprobiert, deren steigende Zahl im Buchhandel belegt, dass das Problembewusstsein wächst. Über den Nutzen von Natron oder Kokosöl wusste ich vorher nichts, aber jetzt verwende ich sie für Mittel, die wenig Zeit kosten und alle akzeptieren. Ich lasse die Finger von gewagten Experimenten wie der Herstellung von Waschmittel auf Efeu-Basis. Aber Shampoo in fester Form, das offen, ohne Verpackung, verkauft wird – so etwas finde ich gut!

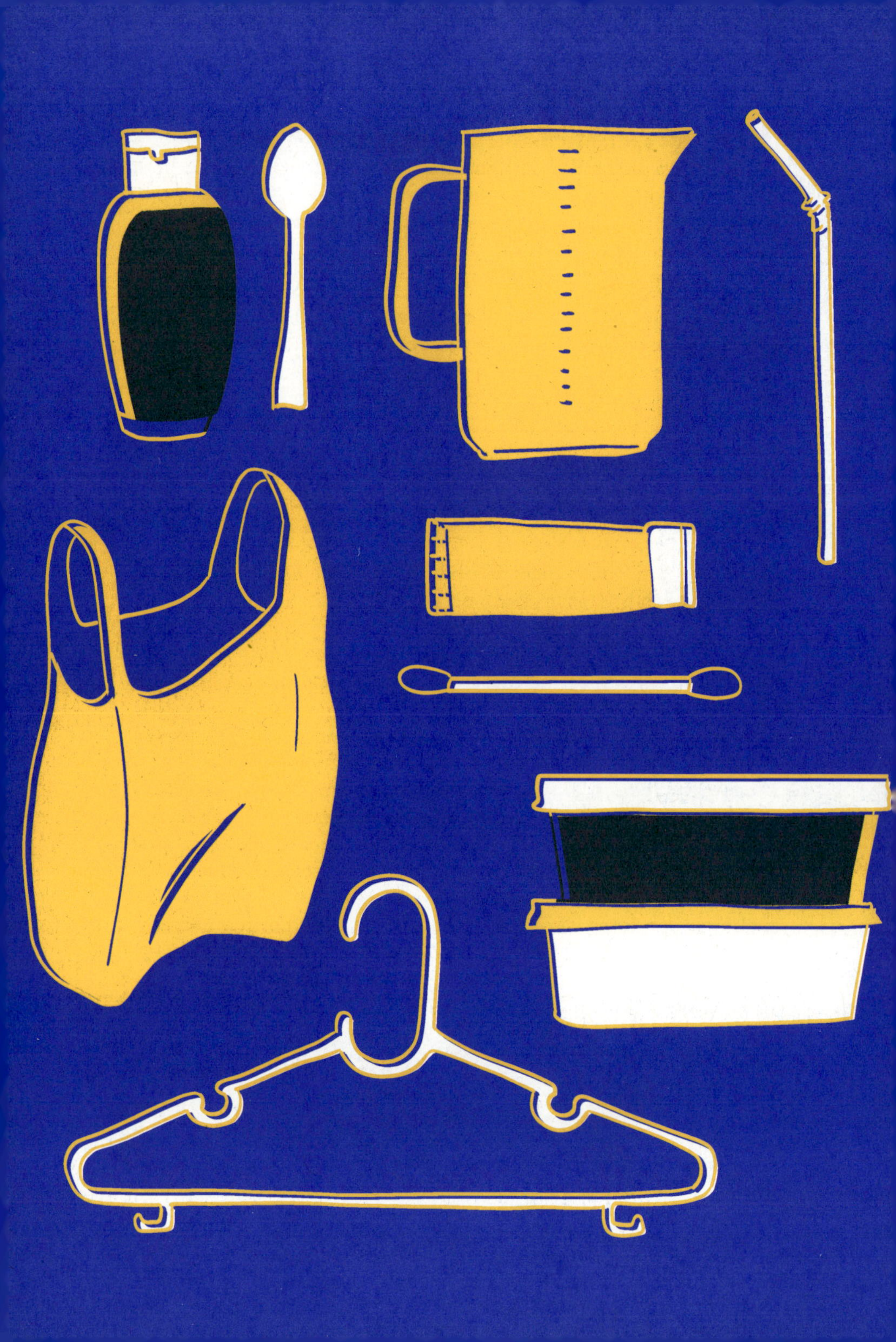

IHR WOLLT ÜBER PLASTIK WIRKLICH BESCHEID WISSEN? BITTE SEHR!

TEIL 1

DAS KÖNIGS-MATERIAL DES 20. JAHR-HUNDERTS

KAPITEL 1

Roland Barthes bezeichnete es in seinen *Mythen des Alltags* (1957) als Wundermaterial. Von Plastik in der Einzahl zu sprechen, wäre angesichts seiner Vielgestaltigkeit jedoch falsch. Besser ist Plastik als Oberbegriff für Kunststoffe.

EINE KUNSTSTOFF-BESCHICHTETE WELT

Im Alltag sind Kunststoffe in unterschiedlicher Form praktisch überall vorhanden. Wenn ihr beispielsweise in ein Kleidungsstück schlüpft, fragt ihr euch dann, ob es aus synthetischem Material besteht? Und wenn ja, wisst ihr dann, ob es nun Polyester oder Polyamid ist? Letzteres ist bekannter, vor allem unter dem Namen Nylon. Wie Nylon sind einige Materialbezeichnungen so bekannt, dass sie den Namen der daraus gefertigten Gegenstände ersetzen: Vinyl für Schallplatten, Styropor für Polstermaterial – oder eben Nylon(s) für Feinstrumpfhosen.
All diese Gegenstände haben einen gemeinsamen Nenner: Erdöl.

ZU KUNSTSTOFF VERARBEITETES ERDÖL ZERSETZT SICH NICHT

In der Natur zersetzen sich Kunststoffe sehr, sehr langsam.

Was wird aus Plastik? Obgleich die Umweltverschmutzung so groß ist, dass Wissenschaftler inzwischen ihre Zeit darauf verwenden, die Beziehungen zwischen Kunststoffen und Lebewesen zu untersuchen, kann man das nicht genau sagen. Was man jedoch weiß, ist, dass winzige Tierchen sie besiedeln oder Mikroteilchen davon schlucken, wohingegen Fische und Vögel größere Kunststoffteile hinunterschlingen.

Die Kunststoffe werden Jahrhunderte brauchen, um aus unserem Blickfeld zu verschwinden – also erst zu kleinen Stückchen, dann zu Mikroplastik und schließlich zu Nanoteilchen zu werden, die in der Erde oder im Meer zurückbleiben.

Warum? Gehen wir zurück zur Herstellung von Plastik, um das besser zu verstehen.

DIE HERSTELLUNG VON KUNSTSTOFFEN

1 ERDÖL

In der Raffinerie werden Kohlenwasserstoffe (Wasserstoff und Kohlenstoff) erhitzt. Bei Temperaturen zwischen 30 °C und 180 °C wird so **Naphtha (Rohbenzin)** gewonnen.

4 PLASTIK (KUNSTSTOFF)

Kunststoffe sind Cocktails: Mischungen aus Kohlenwasserstoffen und sehr widerstandsfähigen chemischen Produkten, die Jahrhunderte brauchen, um sich zu zersetzen, also zu ganz kleinen Teilchen zu werden.

Man unterscheidet im Allgemeinen zwei große Familien:

- **Thermoplaste**, die gängigste Variante. Sie werden bei Erwärmung weich und lassen sich leicht verformen (zu Flaschen und Sichtverpackungen);
- **Duroplaste (wärmehärtbare Kunststoffe)**, die sehr beständig sind (sie werden beispielsweise zur Herstellung von Helmen verwendet) und nicht mehr umgeformt werden können.

2 NAPHTHA

In der petrochemischen Industrie erfolgt das Steamcracken. Dabei werden die Moleküle mit Dampf gespalten, so erhält man Monomere (z. B. Ethen). Diese werden anschließend zu Polymerketten zusammengesetzt (z. B. Polyethylen). Man kann **Polymere** auch aus natürlichen Elementen wie Stärke oder Zellulose gewinnen, die in der Natur abbaubar sind.

3 POLYMERE + ZUSATZSTOFFE

- Weichmacher (wie Phthalate)
- Lösungsmittel (Alkohol, Äther)
- Härtemittel
- Stabilisatoren, Antioxidantien
- Flammschutzmittel, Brandhemmer (wie Aluminiumhydroxid)
- Schmierstoffe, Fungizide
- Pigmente, Farbstoffe

Schon die Bezeichnungen legen nahe, dass diese Zusatzstoffe toxisch sein können. Den Polymeren hinzugefügt, verleihen sie den verschiedenen Kunststoffarten ihre typischen Merkmale. Beispiel: Ethen + Chlor = PVC, aber Ethen + Benzol (Ethylbenzol) = Polystyrol. Unter der Einwirkung von Wärme, durch Kontakt mit Fetten oder einfach weil sie nicht richtig fixiert sind, können bestimmte Bestandteile in die Lebensmittel oder Kosmetika wandern, die in ihnen aufbewahrt werden. Oder sie können sich in der Luft verteilen, zum Beispiel wenn es sich um einen Duschvorhang oder ein aufblasbares Spielzeug aus PVC handelt. Sie werden dann eingeatmet, mit der Nahrung aufgenommen oder dringen über die Haut in den Organismus ein.

EINE KURZE GESCHICHTE DES KUNSTSTOFFS

Plastik kann praktisch alles

Anders als Keramik oder Porzellan ist Plastik stoßfest. Im Gegensatz zu Holz kann man es in jede Form gießen, und im Gegensatz zu Metall kann es elastisch sein. Das leichte, preiswerte Material hat sich durchgesetzt, weil es die Form jedes Gebrauchsgegenstands annehmen kann. Etymologisch bedeutet Plastik, das vom griechischen Wort plassein abstammt, übrigens „formbar".

Viele Innovationen hat es überhaupt erst ermöglicht

Aufgrund all dieser Eigenschaften hat Plastik sich durchgesetzt. Zahlreiche Berufe verdanken ihm ihre Entstehung und/oder Weiterentwicklung. Die ersten Kunststoffe, damals noch auf Cellulose-, nicht auf Kohlenwasserstoff-Basis, haben die Herstellung von Zelluloidfilmen und die Entwicklung der Fotografie und damit des Kinos ermöglicht. Später machte der erste vollsynthetische Kunststoff Bakelit mit seiner Isolationsfähigkeit und Hitzebeständigkeit Elektrogeräte sehr viel sicherer im Gebrauch.

DIE UNO SAGT DAZU:

„Das Ausmaß der Herausforderung ist entmutigend. Seit den 1950er Jahren hat die Kunststoffproduktion die Herstellung praktisch aller anderen Materialien überholt."

„ES GIBT NICHT NUR EIN PLASTIK, SONDERN VIELE KUNSTSTOFFE."

Das ist die schulmeisterliche Antwort, die ich meinem vierjährigen Sohn mit erhobenem Zeigefinger auf seine ganz einfache Frage gegeben habe: „Mama, was ist Plastik?" „Deine Qietscheente ist Plastik", antwortete sein jüngerer Bruder. „Mein Handy ist Plastik", ergänzte sein älterer Bruder. „Und auch der Becher, aus dem du eben Joghurt gegessen hast", erklärte ich abschließend. Damit hatte ich ihn dann endgültig verwirrt!

DAS KÖNIGSMATERIAL DER 1960ER UND 1970ER JAHRE

Zu den technischen Vorteilen gesellten sich ab den 1960er und 1970er Jahren soziologische Umbrüche. Dank Plastik wurden nämlich Gegenstände, die zuvor zerbrechlich oder kostspielig waren, auch für die Mittelklasse erschwinglich. Das wiederum prägt das Konsumverhalten in zweierlei Hinsicht bis heute: Zum einen wird weniger repariert – Plastik ist so preiswert, dass man einfach neu kauft, was kaputtgeht. Zum anderen wird weniger aufgehoben; man wirft Altes fort, um sich „zur Abwechslung" Neues zu kaufen – gierig nach den bunten, immer schöneren, immer besseren Dingen aus der Werbung. **Kaufen ist keine Notwendigkeit mehr, sondern Zeitvertreib.**

Einige Zahlen

Die Kunststoffindustrie in Deutschland beschäftigt 406.000 Arbeitnehmer. Nur 52.000 arbeiten in der Kunststofferzeugung. Der Großanteil der Beschäftigten entfällt auf die Kunststoffverarbeitung, im Bereich Verpackungen und in der Bau-, Automobil- und Elektroindustrie.

Quelle: GKV/Destatis

Seit den 1950er Jahren wurden nahezu 9 Milliarden Tonnen Kunststoff produziert, aus denen etwa 6300 Millionen Tonnen Müll entstanden. Der Großteil davon landete auf Mülldeponien oder in der freien Natur.

Quelle: Science Advances 2017.

Eckdaten

➧ **1870:** Entwicklung von Zelluloid aus einer organischen Verbindung, der Cellulose

➧ **1907:** Erfindung des ersten zu 100 % synthetischen Kunststoffs, des Bakelit

➧ **1935:** Entwicklung des Nylongarns (Kunstseide)

➧ **1941:** Herstellung von PET (Polyethylenterephthalat), das für Flaschen verwendet wird

➧ **1950er Jahre:** Weltweit übersteigt die Produktion eine Million Tonnen.

➧ **1957:** Monsanto baut das „Haus der Zukunft" aus Plastik. Zehn Jahre lang wird es als Sinnbild des Fortschritts in Disneyland ausgestellt.

➧ **1960er Jahre:** 10 % der in den USA hergestellten Kunststoffe sind für Verpackungen bestimmt.

➧ **1970er Jahre:** Der für Verpackungen bestimmte Anteil macht jetzt schon 25 % aus. Erster Versuch, Einmalverpackungen für Lebensmittel und Getränke in den USA zu verbieten (Wisconsin).

➧ **1990er Jahre:** Alle 2,5 Sekunden findet irgendwo auf der Welt eine Tupperware-Party statt.

Quelle: Plastic Planet

ABHÄNGIG IM ALLTAG

Heute ist es praktisch unmöglich, ohne Plastik zu leben – es sei denn, man wird zum Asketen.
Ich habe einmal nachgezählt, wie viele Plastikprodukte ich jeden Tag benutze, von der Zahnbürste über den PC bis zum Lenkrad meines Autos. Das Ergebnis: Mindestens 50 – nicht eingerechnet all die Gegenstände, die Plastik enthalten können, ohne dass ich es weiß.

380 MILLIONEN TONNEN
WURDEN 2015 PRODUZIERT
Quelle: Science Advances

Etwas ändern kann ich bei ...	Schwieriger ist es bei ...
Zahnbürste	Armaturenbrett im Auto
Zahnputzbecher	Kindersitzen fürs Auto
Duschgel und Shampoo	Computern von Eltern und Jugendlichen
Toilettensitz	Telefonen, Festnetz wie Mobil
Türklinken	HiFi-Anlagen
Fernseher	Boomboxen
synthetischer Bekleidung	PVC-Doppelfenstern
bestimmten Spielsachen	Jalousien für innen und Sonnenblenden für außen
Einkaufstüten	Mülltonnen der Gemeinde
Lebensmittelbehältern	Sonnenschirm
Küchenutensilien	Gartenschlauch
Schreibwaren (Lineal, Winkel, Geodreieck, Zirkelkasten)	Stiften

Etwas ändern kann ich bei ...	Schwieriger ist es bei ...
Brillen Briefkasten Eingangstüren Fensterläden Dachisolierungen usw.	Duschkopf und Duschschlauch rutschfesten Badematten Duschvorhang Wegwerf-Kontaktlinsen Toilettenspülkasten Bügeleisen Waschmaschine, Spülmaschine, Herd, Kühlschrank Lichtschalter Schlagzeug meines Sohnes seinem Leucht-Zeichenbrett Fahrrädern Bällen Tennisschlägern Schwimmflossen und Schwimmbrillen Sportschuhen usw.

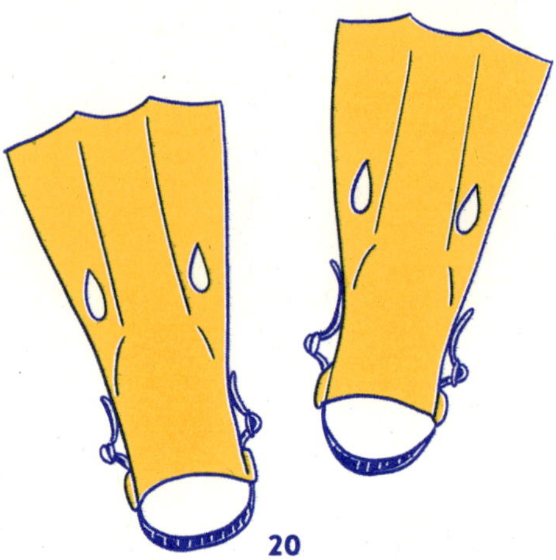

HERAUSFORDERUNG DES 21. JAHRHUNDERTS: DIE PLASTIKPRODUKTION REDUZIEREN

DIE TOP 3

Amerika, Japan und die Europäische Union sind Weltspitze in Verpackungsmüll pro Kopf.

BEREIT ZU HANDELN?

Im Sommer 2018 widmete die französische Sonntagszeitung *Le Journal du dimanche* eine Ausgabe dem „Krieg gegen das Plastik". Man habe den Kampf aufgenommen, versicherte die Titelseite. Einer Umfrage von Eurobarometer zufolge fühlen sich heute 87 % der Europäer von den Auswirkungen des Plastiks auf die Umwelt betroffen und 92 % halten es für nötig, Maßnahmen gegen Einweg-Plastik zu ergreifen. Gut so – aber derlei löbliche Absichten sind nicht neu.

DER WIDERSTAND DER LOBBYS

Seit den 1960er Jahren wird den Menschen zunehmend bewusst, welches Problem die Abfälle darstellen und welche Gefahren insbesondere für die Meeresfauna bestehen. Sogar in den USA wurden Steuern auf Einmalprodukte gefordert – vergebens. Es ist der Plastiklobby immer wieder gelungen, solche Vorstöße zum Scheitern zu bringen, indem sie darauf pochte, jeder sei schließlich selbst dafür verantwortlich, welche Produkte er kauft. Die Lebensmittel- und die Lobby der kunstoffverarbeitenden Industrie weisen ihrerseits jegliche Mitschuld an der Umweltverschmutzung weit von sich, die sich aus den astronomischen Mengen von Plastik ergibt, die Jahr für Jahr produziert werden. Die Verantwortung liege einzig und allein beim Verbraucher – er müsse seinen Müll eben richtig trennen.

DIE UNO SAGT DAZU:

„Der private Sektor muss neue Wege gehen und Geschäftsmodelle einführen, in denen der Hersteller die Verantwortung für Folgeschäden durch seine Produkte übernimmt."

So findet man eigenartige Informationen auf der Webseite von gestespropres.com. Die Seite trägt den Namen einer Kampagne des französischen Verbands Progrès et Environnement gegen wild entsorgte Abfälle (also Plastik und anderen Müll, den gewissenlose Menschen irgendwo hinwerfen). Zu den Verbandsmitgliedern gehören Unternehmen wie Coca-Cola, Haribo, Heineken und die Mineralwassersparte von Danone. Citeo, eine Organisation, die sich für das Recycling von Kunststoffverpackungen einsetzt und Partner von Vacances Propres ist, erklärte noch im Jahr 2016, 60.000 Tonnen wild entsorgten Müll erfasst zu haben – das entspricht 6 Eiffeltürmen. 2017 soll diese Zahl laut Gestes Propres (ehemals Vacances Propres) plötzlich auf 310.000 Tonnen gestiegen sein – das wären schon 31 Eiffeltürme! Wahnsinn: so massiv soll das Verantwortungsgefühl der Franzosen innerhalb eines Jahres gesunken sein? Also entweder verhalten sich die Menschen immer verantwortungsloser – oder aber man versucht ihnen etwas unterzujubeln.

KAUM NACHZUVOLLZIEHENDE POSITIONEN

Ein Unternehmen wie Coca-Cola, das für seine zahlreichen Getränkesorten wie Fanta, Mezzo Mix, Powerade, Apollinaris und Sprite jährlich mehr als 120 Milliarden Flaschen produziert (ja, Milliarden! 4000 pro Sekunde!), setzt seit den 1970er Jahren statt Glas auf Plastik, wo es nur geht.

Pfandflaschen aus Glas, die umweltfreundlichste Variante, wurden zur Ausnahme. Aber Pfand bedeutet, dass die Flaschen gesammelt und gereinigt werden müssen – das ist ein Kostenfaktor. Im September 2018 berichtete Arsen Darnay in der französischen TV-Sendung *Cash Investigation*, wie er vor fast 50 Jahren im Auftrag von Coca-Cola die ökologischen Auswirkungen von Glas- versus Plastikflaschen erforschte. **Das Fazit: Glas hat die beste Ökobilanz, vorausgesetzt, es wird mindestens 15 Mal wiederverwendet.** Trotz dieses eindeutigen Ergebnisses entschied sich Coca-Cola damals für Plastik und hat seither auch auffallend wenig in Recycling investiert – was es nicht daran hindert, heute eine Politik der Nachhaltigkeit zu propagieren.

MEHR ALS 60 LÄNDER

verfolgen eine Politik, die darauf abzielt, die Umweltverschmutzung durch Plastik zu reduzieren.

GRUND ZUR HOFFNUNG?

Die UNO nahm den Tag der Umwelt im Juni 2018 zum Anlass, die Weltöffentlichkeit zu alarmieren und Maßnahmen zur Abschaffung von Einwegprodukten zu empfehlen. Gleichzeitig erklärte sie scharfsichtig, dass **die Produktion „in den nächsten 10 bis 15 Jahren" wohl weiter hochschnellen dürfte.**

Handel und Industrie demonstrieren Einsichtigkeit. Jeder verspricht, schnellstmöglich den Anteil von recyceltem Plastik in seinen Produkten zu erhöhen. Ehrgeizige Ziele werden formuliert – auch seitens der Bundesregierung. Laut Verpackungsgesetz soll in Deutschland die Recyclingquote ab Januar 2022 von derzeit 36 % auf 63 % erhöht werden.

Allerorts kursieren Ideen: Erhebung einer Steuer auf Plastikflaschen, die nicht recycelt werden, Ausweitung des Pfandsystems, Vereinheitlichung der Mülltonnenfarben über Ländergrenzen hinweg, Schaffung zusätzlicher Sammelstellen und die Förderung des Verkaufs loser, nicht abgepackter Waren.

DRUCK MACHEN

In Deutschland müssen Umverpackungen direkt am Verkaufsort zurückgenommen werden. Umverpackungen sind aber nur solche Verpackungen, die weder der Hygiene, der Haltbarkeit oder dem Schutz der Ware dienen, sondern ausschließlich der Werbung – wie die Pappschachtel, in der die Zahnpastatube steckt. Initiativen wie Plastic Attack rufen dazu auf, sämtliche unnötigen Verpackungen an den Kassen der großen Supermärkte zurückzulassen. Denn mit den großartigen Versprechen, mehr zu recyceln, darf nicht vom Kern des Problems abgelenkt werden: der Verbrauch an Kunststoffen nimmt auf der ganzen Welt weiter zu. Laut einer Studie der University of California stammt die Hälfte des zwischen 1950 und 2015 hergestellten Plastiks aus den letzten 13 Jahren.

Die Verringerung der Produktion an sich ist eine Notwendigkeit, über die Politik und Industrie wenig, um nicht zu sagen: überhaupt nicht sprechen.

Einigen Ländern ist es gelungen, auf die Bremse zu treten: Großbritannien, Irland, Spanien oder Estland, wo das Müllaufkommen pro Einwohner zurückgeht. Deutschland legt da eher noch zu. Politik und Industrie müssen sich sehr ins Zeug legen, wenn sie diesen Trend umkehren und die Prophezeiungen widerlegen wollen, dass sich der Plastikverbrauch bis 2050 noch vervierfacht.

KAPITEL 2

AUS-WIRKUNGEN AUF DIE UMWELT

„Sollte der derzeitige Trend anhalten, wird es 2050 mehr Plastik als Fische im Meer geben."

António Guterres, UN-Generalsekretär

Überlassen wir die Einleitung António Guterres, dem Generalsekretär der Vereinten Nationen, und seiner Botschaft vom Juni 2018 anlässlich des Weltumwelttages:

„Unsere Welt wird von schädlichem Plastikmüll überschwemmt. Sollte der derzeitige Trend anhalten, wird es 2050 mehr Plastik als Fische im Meer geben. [...] Jedes Jahr wirft die Weltbevölkerung so viel Plastik weg, dass es viermal rund um die Erde reichen würde. Mindestens 8 Millionen Tonnen Plastik landen in den Meeren, das entspricht einer ganzen Müllfahrzeug-Ladung pro Minute und verursacht den Tod von einer Million Meeresvögeln und 100.000 Meeressäugetieren."

DIE UNO SAGT DAZU:

NUR

9 % VON 9

MILLIARDEN TONNEN WELTWEIT PRODUZIERTER KUNSTSTOFFE

wurden wiederverwertet. Der Großteil des Mülls endete auf Mülldeponien oder in der freien Natur.

PLASTIK ZWISCHEN LAND UND MEER

In Deutschland sind im Jahr 2017 6,2 Millionen Tonnen Kunststoffabfall angefallen. 2,9 Millionen Tonnen wurden recycelt – 2,2 Millionen Tonnen in Deutschland, der Rest im Ausland. Der verbleibende Löwenanteil jedoch wurde fast vollständig verbrannt.

WILDE HALDEN, HÜGEL DER SCHANDE

Hundertausende Tonnen Müll werden in Europa jedes Jahr in Wäldern, an Straßenrändern und Gewässern deponiert – natürlich illegal. Die Deutschen entsorgen jährlich zwischen 0,25 und 1 Million Tonnen Plastikmüll wild ins Meer.

8 BIS 12 MILLIONEN TONNEN Plastik landen jährlich in den Meeren.

DIE MEERE KÖNNEN NICHT MEHR

Seit über 50 Jahren kommt eine Million Tonnen Plastikmüll zur nächsten. Diese Tonnen an Material lösen sich im Wasser nicht auf, sie treiben darauf und zerbröseln unter dem Einfluss von Wellen, Wärme und Sonne in immer kleinere und leichtere Stücke.

IM FOKUS: DAS MITTELMEER

Es macht nur 1 % der Wasserflächen unseres Planeten aus, enthält jedoch 7 % des Mikroplastiks – das Vierfache der Konzentration in den Ozeanen.

Quelle: WWF

PLASTIKKONTINENTE

Folge dieser Anhäufung: die Bildung regelrechter Kontinente aus Plastik, fünf an der Zahl: im Indischen Ozean, im Nord- und Südpazifik, im Nord- und Südatlantik. Der weitaus größte darunter, der daher auch „der siebte Kontinent“ genannt wird, ist der im Nordpazifik. Noch 2008 war er wenig größer als Frankreich; heute erstreckt er sich über 3,4 Millionen Quadratkilometer. Damit ist er zehnmal so groß wie Deutschland.

Plastik hat sich auf riesigen Wasserflächen breit gemacht. Unter den Unmengen sichtbaren Treibguts schwimmt ein Vielfaches an Teilchen, die wir nicht sehen –Mikroplastikteile, die auch in großer Tiefe treiben, Milliarden von Nanopartikeln, wie sie in den Mägen von Fischen gefunden werden, die mehr als 1000 Meter unter der Wasseroberfläche leben.

PLASTIKGRANULAT IN SEENOT

Der Berufsverband der Kunststoffindustrie, PlasticsEurope, hat 2017 einen Bericht mit dem Titel *Operation Clean Sweep* veröffentlicht. Darin erkennt die Plastiklobby ihre Verantwortung für den Verlust von Granulat an – dem Rohstoff in Form winziger Pellets, die in den Fabriken verschiedene Formen annehmen.

Während ihres Transports auf Containerschiffen, bei ihrer Verarbeitung in der Fabrik und bei der Lagerung gehen viele dieser Pellets verloren und enden erst in Flüssen und dann im Meer. Die Mengen sind nicht zu beziffern. Die Lobby empfiehlt dafür „bewährte Maßnahmen": regelmäßiges Auffegen (!) und die Berücksichtigung von Witterungsbedingungen, die einen solchen Schwund beim Transport auf dem Seeweg begünstigen.

PLASTIK UND MEERESFAUNA

Fische und Meeresvögel sind die ersten Opfer der Einleitung von Plastik in Flüsse oder Meere.

EINE ALARMIERENDE STERBLICHKEITSRATE

Etwa 1,5 Millionen Tiere sterben jedes Jahr, weil sie Plastik aufgenommen haben. Es handelt sich überwiegend um Vögel (mehr als hundert Arten) und Fische. Im April 2018 wurden im Kadaver eines jungen, 10 Meter langen Pottwals, der an der Küste von Spanien gestrandet war,

29 Kilo Plastik gefunden (Kanister, Tüten, Netze und ähnliches mehr). Man hat auch einen Wal gesehen, der an 80 Plastiktüten erstickt war. Es wurden Albatrosse beobachtet, die ihre Jungen mit Plastikteilen füttern, weil sie sie mit Nahrung verwechseln.

MUTATIONEN …

Wie Werner Boote und Gerhard Pretting in ihrem Buch *Plastic Planet* berichten, haben Genetiker beobachtet, dass unter der Wirkung von Plastiksubstanzen, die wie Geschlechtshormone wirken, Tiere mit verkümmertem Penis oder als Zwitter zur Welt kommen. So wurden in England männliche Fische beobachtet, die wie die Weibchen Eier produzierten. Und in der Arktis Eisbären, die mit Penis und Vagina geboren wurden!

… FÜHREN ZU VERHALTENSÄNDERUNGEN

Wie beim Menschen auch, können hormonaktive Substanzen das Verhalten von Tieren beeinflussen. Zwischen 1940 und 1950 wurden 80 % einer Seeadler-Kolonie in Florida unfruchtbar,

so Boote und Pretting weiter. Im Laufe von zehn Jahren veränderten die toxischen Substanzen, die die Adler regelmäßig aufnahmen, ihr Sexualverhalten: Sie paarten sich immer seltener, bis die ganze Kolonie fortpflanzungsunfähig wurde.

MIKROPLASTIK UND BIOAKKUMULATION

Winzige Partikel dringen von Anfang an in die Nahrungskette ein. Schon das Phytoplankton absorbiert sie. Und so kleinteilig es auch ist, enthält Mikroplastik immer auch toxische chemische Stoffe wie endokrine Disruptoren (hormonaktive Substanzen).

EIN PHÄNOMEN DER KONZENTRATION

Während sie entlang dieser Kette von einem Tier zum nächsten weitergegeben werden, reichern sich gewisse toxische Substanzen an, statt sich abzubauen: ihre Konzentration nimmt zu. Wissenschaftler bezeichnen dies als „Bioakkumulation".

Beispiel PCB (Polychlorbiphenyl), das bis Ende der 1970er Jahre in bestimmten Klebstoffen und Farben enthalten war: In einer Studie der Universität von Versailles Saint-Quentin wurde berechnet, dass die Konzentration des von Plankton absorbierten PCB bis zu dem Moment, in dem es am Ende der Nahrungskette im Magen des Eisbären ankommt, auf das 800-Fache gestiegen ist.

ZEITLICHE BESTÄNDIGKEIT

Zu ihrer steigenden Konzentration kommt noch die Tatsache, dass die Substanzen lange nach ihrer Aufnahme in den Spezies präsent bleiben. So hat die genannte Studie die PCB-Konzentration in den Fischen des Genfer Sees gemessen. Während PCB ab den 1970er Jahren immer weniger hergestellt wurde, mussten noch 40 Jahre vergehen, bis ein Rückgang der Kontamination in der Fischpopulation beobachtet werden konnte.

PLASTIK UND DIE GESUNDHEIT DES MENSCHEN

KAPITEL 3

„Wir haben Beweise dafür, dass die toxischen chemischen Substanzen, die bei der Kunststoffherstellung zugesetzt werden, in tierisches Gewebe übergehen und schließlich in unsere Nahrungskette gelangen."
Single-Use Plastic, UNO, Juni 2018.

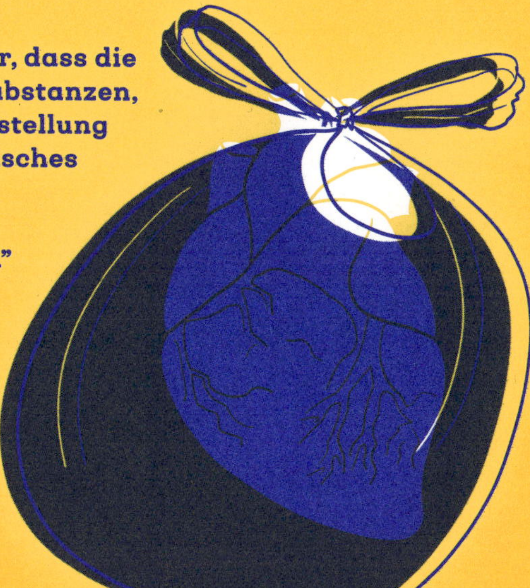

WIE PLASTIK „WANDERT"

Dr. Jose Barreto, der 2015 das Buch *Plastic-itis* veröffentlichte, warnt: Es wird vermutet, dass die überwiegende Mehrheit der Krebserkrankungen mit unserer Lebensweise und unserer Ernährung zusammenhängt. Was wir essen, kann uns krank machen – da ist sich der Autor sicher.

SPUREN VON PLASTIK IM MENSCHLICHEN GEWEBE

Unter Wärmeeinwirkung oder bei wiederholtem Gebrauch können sich bestimmte Substanzen aus Kunststoffmaterialien herauslösen. **Wir schlucken sie, wenn wir Produkte verzehren, die mit Kunststoff in Berührung kamen.** Plastikelemente können auch eingeatmet werden oder über die Haut eindringen.

Beispiele:

➡ Wer eine Pfanne stark erhitzt, deren Teflonbeschichtung zerkratzt ist, läuft Gefahr, Teflonpartikel im zubereiteten Essen wiederzufinden.

➡ Wer eine Einwegflasche mit Mineralwasser in der Sonne stehen lässt oder sie zum dritten oder fünften Mal verwendet, stillt seinen Durst mit Mikroplastik.

➡ Man atmet Mikroplastik schon ein, wenn man einfach nur an einer Straße entlangläuft. Denn laut einer Studie von Orbmedia geben Autoreifen auf 100 Kilometer 20 Gramm Plastikstaub ab.

Bereits in den 1950er Jahren wurde im Rahmen von Studien im menschlichen Gewebe Plastik nachgewiesen.

➡ Mit manchen Duschgels trägt man jeden Morgen Plastik auf die Haut auf.

➡ Wer seine Kinder an bestimmten Plastikspielzeugen saugen oder knabbern lässt, riskiert, dass sie etwas davon aufnehmen.

DIE UNO SAGT DAZU:

„Produkte aus Polystyrol, die krebserregende chemische Stoffe wie Styrol und Benzol enthalten, sind sehr toxisch, wenn sie aufgenommen werden. Sie schädigen Nervensystem, Lungen und Geschlechtsorgane."

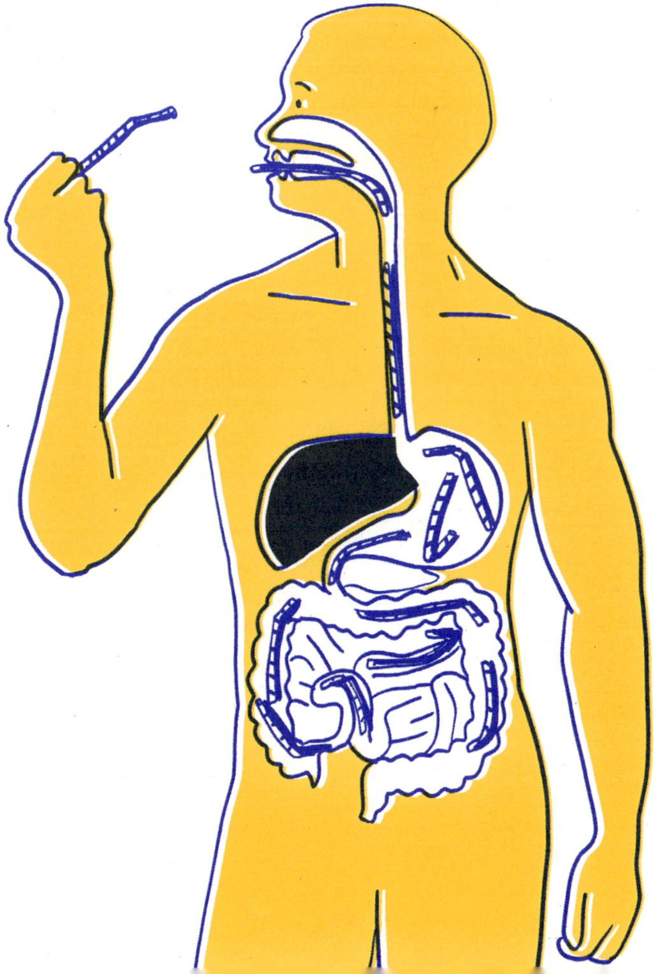

UNSER HORMONSYSTEM IST IN GEFAHR

Kunststoffe enthalten Zusätze, die als endokrine Disruptoren (hormonaktive Substanzen) wirken, zum Beispiel Phthalate oder Flammschutzmittel. Einige davon sind außerdem krebserregend.

HORMONE UND ENDOKRINE DISRUPTOREN

Hormone sind chemische Botenstoffe, die vom Blut transportiert werden. Sie ermöglichen das Wachstum des Embryos, anschließend das Wachstum des Kindes und schließlich die Funktionsfähigkeit des erwachsenen Körpers. Produziert werden sie vom Hypothalamus und der Hypophyse, von der Schilddrüse, der Bauchspeicheldrüse, den Nebennierenrinden, den Hoden und den Eierstöcken. Die Eierstöcke beispielsweise produzieren Östrogene, die sich vor allem auf das Wachstum auswirken. Die Schilddrüse produziert Hormone, die unseren Stoffwechsel im Gleichgewicht halten.

Endokrine Disruptoren stören das empfindliche hormonelle Gleichgewicht des Menschen, indem sie die Wirkung natürlicher Hormone imitieren. Sie stehen im Verdacht, Kopfschmerzen und Stimmungsschwankungen hervorzurufen, aber auch schwerwiegendere Störungen wie Adipositas, Unfruchtbarkeit, Hyperaktivität oder Depression. Und sie werden von der Schwangeren auf das ungeborene Kind übertragen. Es kommt sehr auf das Alter an, in dem man kontaminiert wird. Durch endokrine Disruptoren ausgelöste Störungen können sofort oder viel später auftreten und sogar von einer Generation an die nächste weitergegeben werden.

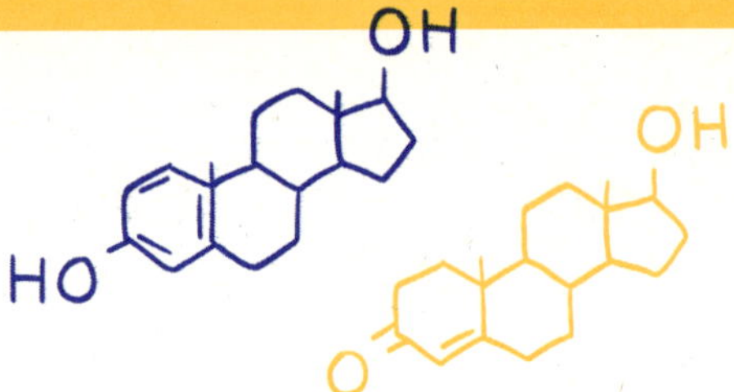

ENDOKRINE DISRUPTOREN IN KUNSTSTOFFEN

DIE, VON DENEN BISHER DIE REDE IST ...

Die Bisphenole

Bisphenol A (oder BPA), das in der Zusammensetzung von Polycarbonaten und (in Konserven- und Getränkedosen) als Zusatz zu Epoxidharzen verwendet wird, ist in Deutschland **seit 2011 immerhin in Babyfläschchen verboten.**

Es ist aber bereits für den Fötus schädlich, mit Auswirkungen zum Beispiel auf Fruchtbarkeit und Pubertät. Wo BPA vermieden wird, kommen jedoch andere Bisphenole zum Einsatz, insbesondere Bisphenol S und Bisphenol F, obwohl Studien gezeigt haben, dass auch das keineswegs gesunde Alternativen sind.

Die Phthalate

Diese Weichmacher, chemische Verbindungen, mit denen Plastik flexibel gemacht wird, **sind in PVC enthalten**, aber auch in zahlreichen weichen Verpackungen.

Sie sind außerdem Trägerstoffe von Düften, weswegen man sie auch in Kosmetikprodukten findet. Phthalate, von denen nur einige verboten sind, stehen im Verdacht, die kindliche Entwicklung zu beeinträchtigen, bei Hodenkrebs eine Rolle zu spielen und neben Missbildungen der männlichen Geschlechtsorgane auch Fehlgeburten zu verursachen.

... UND DIE ANDEREN

Im Rahmen einer Studie, die 2011 von der Agence santé publique France durchgeführt wurde, hat man in den **Urin- und Blutproben von 4000 Schwangeren 117 Schadstoffe nachgewiesen** – darunter auch solche, die aus Kunststoffen stammen.

PROZENTSATZ SCHWANGERER FRAUEN, DIE MIT SCHADSTOFFEN BELASTET WAREN (VON DEN 4145 TEILNEHMERINNEN DER STUDIE)

100 %
MIT BROMIERTEN FLAMMSCHUTZMITTELN

99,6 %
MIT PHTHALATEN

70 %
MIT BPA

EMBRYONEN UND PLASTIK

Babys kommen vorbelastet zur Welt! So lautet ein Warnruf von FIGO, der Internationalen Vereinigung für Gynäkologie und Geburtskunde. Wachstumsstörungen der Föten, niedriges Geburtsgewicht – die Babys werden im Uterus von chemischen Elementen geschädigt, die ihre Mütter zu sich nehmen.

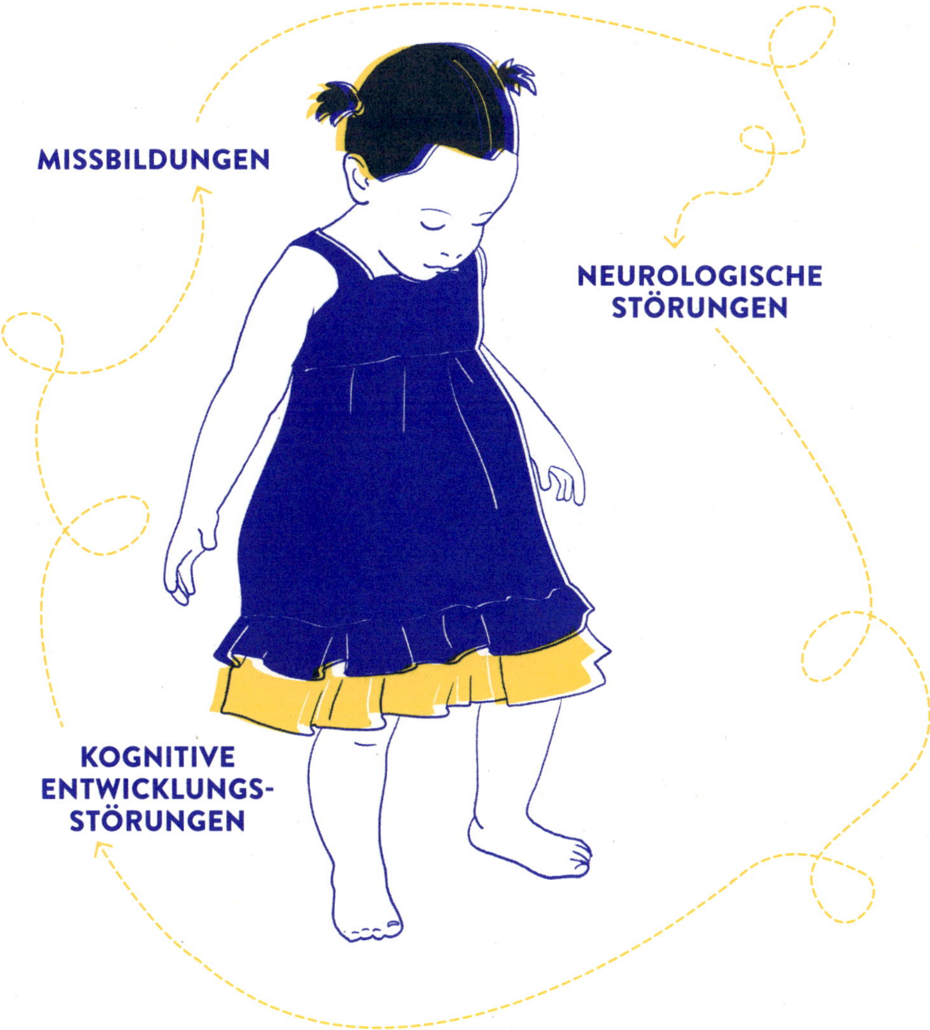

WIE KANN MAN SICH SCHÜTZEN?

Um zu wissen, mit welchem Kunststoff man es zu tun hat, sucht man nach diesen Dreiecken mit den Recyclingnummern 1 bis 7.

DIE KLASSIFIZIERUNG DER VERSCHIEDENEN KUNSTSTOFFE

Symbol	Art des Kunststoffs	Lebensmittel oder Kosmetika, für die sie bestimmt sind
01 PET	Polyethylenterephthalat (PET)	Wasser-, Milch-, Ketchupflaschen
02 PE-HD, 04 PE-LD	Polyethylen hoher und niedriger Dichte	Obstsäfte, Lebensmittelschalen, Shampoos
03 PVC	Polyvinylchlorid (PVC)	Wenig verwendet für Lebensmittelverpackungen, aber in Spielsachen enthalten
05 PP	Polypropylen (PP)	Schalen für Fertigsalate, Frischhaltedosen, Joghurtbecher, Deodorants, Speiseeisschalen
06 PS	Polystyrol	Eierkartons, bestimmte Sorten von Joghurtbechern
7 SONSTIGE	Polycarbonat (alle anderen Kunststoffe)	Spielsachen, verschiedene Verpackungen

+ SEHR GEFÄHRLICH

- **HÜTET EUCH VOR** (03 PVC) (06 PS), wegen der Phthalate in (03 PVC) (PVC) und wegen Styrol in (06 PS).

- **SONSTIGE** (7 SONSTIGE) **IST EINE SAMMELKATEGORIE,** in der alle anderen Kunststoffarten zusammengefasst sind. Sie können sehr schädliche Zusatzstoffe enthalten.

- **DIE KATEGORIE** (01 PET) **BEZIEHT SICH AUF PET-FLASCHEN,** insbesondere für Wasser. Sie sollten nicht wiederverwendet oder erwärmt werden (sonst besteht die Gefahr, Mikroplastik aufzunehmen).

- **DIE SYMBOLE** (02 PE-HD) (04 PE-LD) (05 PP) **WERDEN AM SELTENSTEN GENANNT,** wenn es um Krebsrisiken oder endokrine Disruptoren geht.

- GEFÄHRLICH

DAS GNOCCHI-DILEMMA

Gnocchi aus dem Kühlregal, nach denen meine Kinder ganz verrückt sind, sind in einer Plastikfolie verpackt, auf der kein Dreieck aufgedruckt ist. Es ist weder Polystyrol noch PVC, es muss (02 PE-HD) (04 PE-LD) oder (05 PP) sein, vielleicht aber auch (7 SONSTIGE) – und da sage ich mir, dass es völlig verrückt ist, das Produkt ohne eindeutige Hinweise zu kaufen und mich zu fragen, in welchem Material und damit in welchem Gift dieses Lebensmittel steckt! Und da mein Vertrauen in die Lebensmittel- und die Kunststoffindustrie nachhaltig gestört ist, lege ich die Gnocchi zurück ins Regal.

EINE VERORDNUNG, DIE GUTES BEWIRKT: REACH

Die 2007 in Kraft getretene EU-Verordnung REACH *(Registration, Evaluation, Authorization and Restriction of Chemicals)* zielt darauf ab, den Einsatz chemischer Substanzen transparenter zu gestalten. „*Keine Daten – kein Markt*": Ab einer Produktionsmenge von 1 Tonne pro beliebigem Produkt müssen die Unternehmen die verwendeten Substanzen bei der Europäischen Chemikalienagentur ECHA eintragen lassen, wo sie nach dem Grad ihrer Gefährlichkeit eingestuft werden. Angesichts der Mundfaulheit, die in Europa in Bezug auf chemische Inhaltsstoffe herrscht, ist dies ein erster Schritt.

HINWEISE, DIE UNS ALARMIEREN SOLLTEN

- **Eine Trinkflasche, die nach Plastik riecht** und aus der das Wasser eigenartig schmeckt.
- **Eine Frischhaltedose**, die von Tomatensauce eine rote Färbung zurückbehält
- **Ein Duschvorhang,** der einen starken Geruch abgibt, wenn man ihn aus der Verpackung nimmt
- **... All das sind Hinweise auf ziemlich toxische Substanzen im Haushalt.**

Ab in den Müll damit!

DIE GRENZEN DES RECYCLINGS: HEUCHLEREI UND HUMBUG

KAPITEL 4

Um es gleich vorweg zu sagen: Recycling ist keine Lösung für das Plastikmüllproblem – auch wenn es gerne so dargestellt wird.

ALLES WIEDERVERWERTEN? EIN FROMMER WUNSCH

GRÖSSERE HINDERNISSE

➡ **Wir können nicht alle Kunststoffe wiederverwerten**, aufgrund technischer Schwierigkeiten bei der Verarbeitung von Mischmaterialien und bestimmten Zusatzstoffen, aufgrund von Rentabilitäts- und des Absatzfragen – ganz zu schweigen von der gewaltigen Herausforderung, solche Mengen zu sammeln!

➡ **Mehrere Erhebungen haben gezeigt, wie schwierig es ist, bei der Wiederverwertung von Plastik persistente organische Stoffe vollständig zu eliminieren,** beispielsweise die bromierten Flammschutzmittel.

➡ **Wiederverwertbare Kunststoffe lassen sich nicht beliebig oft recyceln:** nach dem 2., 3. oder 4. Mal ist Schluss.

DIE UNO SAGT DAZU:

„Wir sind schon jetzt nicht mehr in der Lage, der Plastikmenge Herr zu werden, die wir produzieren. Nur ein geringer Teil davon wird wiederverwertet."

DIE ILLUSION DER KREISLAUFWIRTSCHAFT

Die Kreislaufwirtschaft wird immer mit einem hübschen Kreis dargestellt, der suggeriert: nichts geht verloren, alles wird umgewandelt. Dabei ist sie nur mit organischen Materialien möglich wie Obst- und Gemüseschalen, die man auf den Kompost wirft.

Kunststoffe jedoch enden nach einigen Wiederverwertungen – bei denen sie meist neuen, noch jungfräulichen Kunststoffen beigemischt werden – als Müll. Müll, von dem man nicht weiß, was damit tun, ob man ihn vergraben oder doch besser verbrennen soll.

DAS AKTUELLE SYSTEM IN DEUTSCHLAND

Alle geben sich große Mühe ...

VERWIRRENDE VIELFALT

In manchen Gegenden werden im gelben Sack oder in der gelben Tonne Plastikabfälle, in der blauen Tonne Papier und in der grünen Tonne Bioabfälle gesammelt. Die Tonne für den Restmüll ist dunkelgrau.

Doch schon wenige Ortschaften weiter kann die Papiertonne grün und die Biomülltonne braun sein! Da taucht man doch gerne mal mit zugehaltener Nase nach dem, was man aus Versehen in die falsche Tonne geworfen hat.

In Deutschland gibt es seit 2003 ein verpflichtendes Einwegpfand.
So werden

98,5 %
DER EINWEGFLASCHEN

gesammelt.

Sich in Europa zu bewegen, macht es auch nicht einfacher. **Beim Urlaub in Frankreich** beispielsweise kann es einen Moment dauern, sich vor Ort schlau zu machen. Nicht überall wird getrennt, und wenn, dann sind die Tonnen nicht einheitlich. Gelegentlich hält auch der Supermarkt auf seinem Parkplatz Container zu Mülltrennung vor.

Zum Glück nicht nur der deutschen Touristen hat die französische Regierung eine baldige Vereinheitlichung zugesagt. Sie wird ungeduldig erwartet.

DER WIRRWARR DER SYMBOLE

DIE KNIFFLIGE SACHE MIT DEM SANDWICH ...

Nehmen wir die Verpackung eines dieser dreieckigen Sandwiches. Ich sehe in einer Art Rechteck, das über die Wiederverwertbarkeit informiert, das runde Symbol für den Grünen Punkt, das aus zwei ineinander verschlungenen Pfeilen gebildet wird. Das bedeutet keineswegs, dass die Schale wiederverwertbar ist! Dennoch steht direkt daneben, als müsse dieser Verpackung eine besondere Aufmerksamkeit zuteilwerden, „DENKEN SIE AN DIE MÜLLTRENNUNG!" Daneben wiederum wird eine dritte Zeichnung (ein Müllsack) von der Legende „Schale und Plastikfolie wegwerfen!" ergänzt. So viele nichtssagende Informationen auf so wenig Platz. Man könnte fast denken, man wolle uns damit verwirren.

Achtung: Das Möbiusband (siehe rechte Seite) nicht mit den Dreiecken für die verschiedenen Kunststoffarten verwechseln, die, wie wir gesehen haben, ebenfalls aus drei Pfeilen bestehen, aber mit einer Zahl in der Mitte. – Alles klar, oder?

Der Tidyman ist eine Aufforderung, Abfälle in einen Mülleimer zu werfen (sehr gut als erster Schritt).

Der Grüne Punkt, der fast überall zu finden ist, besagt lediglich, dass ein Hersteller sich dem Programm zur Verwertung von Verpackungen angeschlossen hat – er beteiligt sich finanziell daran. Die große Mehrheit der Verbraucher glaubt jedoch irrtümlicherweise, der grüne Punkt mit den einen Kreislauf darstellenden Pfeilen stünde dafür, dass das Produkt „wiederverwertbar" sei.

Das Möbiusband bedeutet, dass das Produkt recycelt werden kann, „wenn ein entsprechendes Sammelsystem existiert" und „wenn die Bestimmungen zur Mülltrennung beachtet werden". Zur Verdeutlichung: Dasselbe etwas dickere Band, bei dem innen eine Prozentzahl steht, gibt an, dass das Produkt zu x % wiederverwertet wird. Könnt ihr mir folgen?

WAS PASSIERT MIT DEM GESAMMELTEN PLASTIK?

Bis in die 1980er Jahre gab es praktisch kein Plastikrecycling. Und wer (so wie ich früher) glaubt, dass heute alle Verpackungen, die sorgfältig in der Recyclingtonne entsorgt werden, tatsächlich wiederverwertet werden, der täuscht sich.

Nachdem man seinen Müll getrennt hat, wird er in einer Sortieranlage in der Nähe erneut unter die Lupe genommen. Dort wird der Müll ausgewählt, der aufbereitet werden kann, vor allem die Kunststoffe 01 PET, 02 PE-HD und 05 PP. Nicht überall sind das dieselben. Beliebt beim Verbraucher, aber kaum recyclingfähig ist der Getränkekarton. Er wird immer noch häufiger verbrannt als recycelt.

Die PET-Flasche ist der Recycling-Star: Sie wird in sehr kleine Teilchen zerkleinert, die zur Herstellung neuer Flaschen, vor allem aber von Textilfasern dienen und in Steppdecken, Plüschbären und Besen weiterleben.

Und die anderen Kunststoffe? Sie werden vergraben oder kommen in die Verbrennungsanlage. Ihre Wärme kann als Energiequelle genutzt werden, was jedoch nicht immer auch geschieht. Man spricht dann von „energetischer Verwertung". Während sie verbrannt werden, setzen sie Stoffe frei, die man vielleicht nicht unbedingt einatmen sollte.

DIE UNO SAGT DAZU:

„Die Verbrennung von Plastikmüll in Gruben unter freiem Himmel setzt schädliche Gase wie Furan und Dioxin frei."

DIE ZIELE SIND SEHR EHRGEIZIG …

Das Bundesumweltministerium hat 2018 einen Fünf-Punkte-Plan für weniger Plastik und mehr Recycling vorgelegt. Mit dem neuen Verpackungsgesetz ist ab 2022 eine Recyclingquote von 63 % beschlossen.

… UM NICHT ZU SAGEN: UNERREICHBAR

Doch die Politik wird sehr zielstrebig handeln müssen, um diesen Fünf-Punkte-Plan auch umzusetzen:

2,8 MILLIONEN
Tonnen Plastikmüll aus Deutschland wurden 2017 recycelt. Das sind
5,9 % mehr als 2015.

1. Überflüssige Produkte und Verpackungen vermeiden – und notfalls verbieten. Das gilt zum Beispiel für Einwegprodukte, aber auch für bewusst eingesetztes Mikroplastik in Kosmetika.
2. Verpackungen grundsätzlich umweltfreundlicher gestalten, Mehrwegverpackungen fördern
3. Umweltfreundliches Produktdesign voranbringen
4. Stoffkreisläufe durch kluges und hochwertiges Recycling schließen
5. Die Recyclingquote deutlich erhöhen.

Laut Eurostat wird in Deutschland rund die Hälfte des Plastikmülls recycelt. In Großbritannien sind es 40 % und in Slowenien nahezu 60 %, in Frankreich hingegen nur 20–25 %.

SCHWIERIG, PLASTIK WEITERZUVERARBEITEN!

Susan Freinkel erklärt in *Plastic, a toxic love story*, was vor nicht allzu langer Zeit in San Francisco passierte, einer Stadt, die in Sachen Ökologie immerhin als Vorreiter gilt. Dort wurden die Kunststoffe (01 PET) (02 PE-HD) problemlos weiterverarbeitet, überwiegend Flaschen. Die anderen Kunststoffe mit den Nummern (03 PVC) bis (7 SONSTIGE) wurden auf Frachtschiffe nach China verladen, wo einige davon

von miserabel bezahlten Arbeitern sortiert und gereinigt wurden – eine Voraussetzung dafür, dass ihre Weiterverarbeitung zu wieder nutzbaren Pellets rentabel war.

Eine recycelte Flasche setzt

70 %

WENIGER CO_2

frei als dieselbe Flasche aus neuem Plastik.

UNSER MÜLL? DEN KRIEGEN DIE ANDEREN!

Auch Europa hat lange darauf gezählt, dass Asien ihm die Kunststoffe abnimmt, die am schwierigsten weiterzuverarbeiten sind. Ich schreibe dies in der Vergangenheit, denn China hat dem kürzlich ein Ende gesetzt. Das Land will nicht länger der Mülleimer der Welt sein und hat bereits Mühe, seines eigenen Mülls Herr zu werden.

DER MÜLLIMPORT IN DIE LÄNDER SÜDOSTASIENS

Müllimport bleibt ein Problem für all diese Staaten, in denen – legal oder illegal – tonnenweise Plastik aus den reichen Ländern eintrifft. In Thailand beispielsweise legen regelmäßig Containerschiffe aus 35 Ländern an, darunter Deutschland und Frankreich. Thailands Politiker sind beunruhigt, denn das Land hat nicht die Kapazitäten, um alle diese Kunststoffe zu verarbeiten – darunter natürlich auch die Sorten, die am schwierigsten zu recyceln sind.

BIO-KUNSTSTOFFE: FAKT ODER FAKE?

Biobasiert, abbaubar, biologisch abbaubar, kompostierbar: Wem schwirrt da nicht der Kopf? Kein Wunder, zumal die Begriffe nicht immer ihrem tatsächlichen Sinn entsprechen. So könnte man meinen, es habe keine negativen Folgen, eine sogenannte „biologisch abbaubare" Tüte draußen zurückzulassen, da sie sich in aller Ruhe wie eine Obstschale zersetzen wird. Weit gefehlt! „Biobasiert" und „biologisch abbaubar" bedeutet lediglich, dass dieses Produkt natürliche Elemente enthält.

BIOBASIERTE KUNSTSTOFFE

Bio-PET zum Beispiel wird derzeit zu rund 30 % aus Zuckerrohr und zu 70 % aus fossilen Rohstoffen hergestellt. Die Deutsche Umwelthilfe kommt zu dem Schluss, dass biobasierte Kunststoffe keine generellen Umweltvorteile aufweisen. Sie sind nur unter äußerst speziellen Bedingungen biologisch abbaubar.

ABBAUBARE KUNSTSTOFFE

Dabei handelt es sich beispielsweise um oxo-abbaubare Folien, die man in Bio-Läden als Alternative zu Pergamentpapier findet. Sie zersetzen sich tatsächlich schneller, bleiben aber Plastik. Mit anderen Worten: auch sie werden zu winzigen Elementen – nur eben schneller.

Die Produktion von Bio-Kunststoffen beläuft sich weltweit auf
4 MILLIONEN TONNEN
pro Jahr.
Quelle: Science Advances 2017

ZU 100 % BIOLOGISCH ABBAUBARE KUNSTSTOFFE

Sie sind noch sehr selten. In Chile hat eine Firma eine Tüte aus Kalkstein entwickelt, die sich im Wasser vollständig auflöst. Dies hat den Vorteil, ein leicht verfügbares und kostenloses Ausgangsmaterial zu verwenden, das nicht vom anderen Ende der Welt herangeschafft werden muss wie Zuckerrohr.

KOMPOSTIERBARER KUNSTSTOFF

Kompostierbarer Kunststoff baut sich auch im industriellen Kompost ab, der eine Temperatur von 60 °C erreicht, oder im eigenen Komposthaufen (wo man mit eigenen Augen sieht, wie lange er dazu braucht, sich zu zersetzen).

DIE UNO SAGT DAZU:

„Eine Steigerung der Produktion biobasierter Kunststoffe auf ein mit konventionellen Kunststoffen vergleichbares Niveau könnte negative Auswirkungen auf die Herstellung von Lebensmittelkulturen haben."

AUF DIESES SYMBOL ACHTEN

Kompostierbar

Unbeantwortete Fragen:

➧ Wie steht es mit den Zusatzstoffen? Werden weiterhin dieselben Substanzen beigefügt, allen voran endokrine Disruptoren?

➧ Der Wasserverbrauch und die zur Herstellung alternativer Lösungen benötigte Energie müssen berücksichtigt werden.

ZUKUNFTSLÖSUNGEN

WAS TUN MIT NICHT RECYCELBAREN ABFÄLLE?

Die Rede ist von Abfällen, die in Zukunft anfallen werden, denn für die Milliarden Mikroplastikteile, die sich schon in den Meeren und in der Natur angehäuft haben, ist es zu spät. Aber in Bezug auf das Plastik, das heute produziert wird, macht die Forschung Fortschritte. Man kann heute beispielsweise nicht recycelbares Plastik in Treibstoff umwandeln. Das zeigt das Schiff *Plastic Odyssey* mit seiner Pyrolyseanlage, die 4 Kilo Müll in 3 Liter Treibstoff umwandelt.

WIRKLICH GRÜNE KUNSTSTOFFE?

Wenn ein Leben ohne Plastik schon illusorisch erscheint – allein aus der Medizin ist es längst nicht mehr wegzudenken –, ist man dann wenigstens in der Lage, Plastik herzustellen, das niemanden vergiftet? Das Teil einer echten Kreislaufwirtschaft werden kann, ohne nicht recycelbare Reste?
Mit Algen und landwirtschaftlichen Abfallprodukten geht das bereits. Eine Firma aus der Bretagne hat schon vor Jahren ein Herstellungsverfahren für einen Kunststoff auf der Basis von Braunalgen vorgestellt, der sich innerhalb von weniger als 100 Tagen in der Natur komplett abbauen soll.

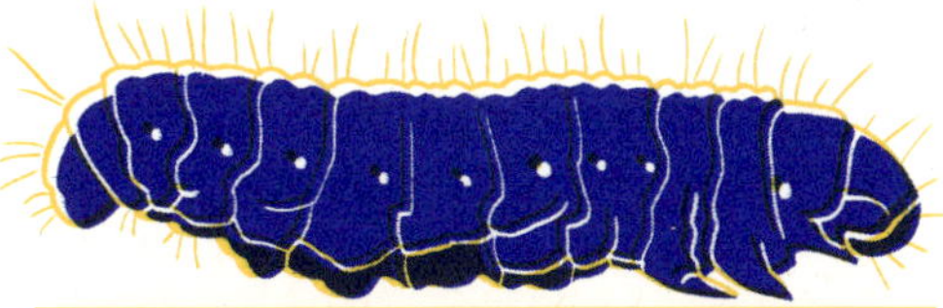

BAKTERIEN, DIE PLASTIK FRESSEN?

Die gibt es. Forscher an der Universität von Kyoto haben eine Bakterienart gefunden, die sich vom Kohlenstoff in Polyethylen ernährt. Diese Bakterien brauchen wenige Wochen, um 1-2 Zentimeter PET zu zersetzen. Für andere Kunststoffsorten brauchen sie jedoch viel länger.

WAS MUSS ICH TUN, UM PLASTIK ZU VERMEIDEN?

TEIL 2

BEIM EINKAUF

KAPITEL 1

Das braucht man, um besser einzukaufen:

- **Einkaufstaschen, die immer wieder verwendet werden können**
- **Weidenkörbe, Stoffbeutel, Kisten**
- **Wiederverwendbare Schraubgläser und Dosen**
- **Wiederverwendbare Papierbeutel (wie Brottüten)**

JAGD AUF UNNÖTIGE VERPACKUNGEN MACHEN

45 % **der Kunststoffproduktion in Europa entfällt auf Verpackungen – Tendenz steigend, vor allem wegen der vielen To-Go-Mahlzeiten!**

DER EINKAUFSWAGEN QUILLT ÜBER VON PLASTIK!

Doch wie einkaufen, um nicht mit Bergen von Sichtverpackungen, Beuteln, Tüten und Schalen nach Hause zu kommen?

LÖSUNGEN

➜ **DIE FINGER VON LEBENSMITTELN IN UNSINNIGEN UMVERPACKUNGEN LASSEN** (wozu braucht eine Gurke noch eine Plastikfolie?)

➜ **KEINE PACKUNGEN KAUFEN, IN DENEN WIEDERUM EINZELVERPACKUNGEN STECKEN** (wie Pausensnacks oder Muffins, die man praktisch nur noch doppelt verpackt bekommt).

➜ **TÜTEN SO OFT WIE MÖGLICH WIEDERVERWENDEN** (für andere Einkäufe oder als Mülltüte). Dasselbe gilt für Plastikdosen (für den Einkauf beim Metzger oder auf dem Wochenmarkt).

➜ **WIEDERWENDBARE EINKAUFSTASCHEN BIS ZUM BITTEREN ENDE BENUTZEN** (wenn sie dann zu sehr mitgenommen sind, investiere ich in schöne Weidenkörbe oder Stoffbeutel oder verwende sogar Obstkisten!)

Probleme über Probleme ... Es gibt Initiativen wie die Solidarische Landwirtschaft, wo direkt beim Erzeuger gekauft und eine regelmäßige feste Abnahmemenge zugesichert wird. Hier fühlen sich alle Mitglieder, Anbieter wie Abnehmer, vom Problem mit den Verpackungen und dem Plastik betroffen. Ein völliger Verzicht ist jedoch nicht machbar. Beispielsweise liefert uns die Erzeugerin von Rindfleisch Kartons mit 5 oder 10 Kilo. Die Fleischstücke darin sind vakuumverpackt, damit wir sie einfrieren können. Bisher haben wir dafür noch keine andere Lösung gefunden.

WIR SIND KEINE HELDEN

Ich hatte den genialen Einfall, Obst und Gemüse in einem der Plastikbeutel zu wiegen, die es in der Abteilung gibt, und es anschließend in meinen Weidenkorb umzufüllen, auf den ich die Etiketten klebte. Und bye-bye Plastiktüte, zurück mit dir auf den Beutelständer! Die Etiketten haben gerade solange auf dem Korb gehalten, bis ich mit meinem Einkauf fertig war und zur Kasse kam, stolz wie Oskar auf meine Zero-Waste-Idee! Doch die Kassiererin verpasste mir eine kalte Dusche. „Ich verstehe ja, dass es umweltfreundlicher ist, aber ich soll bei jedem zehnten Kunden nachwiegen, und wie soll ich das bei Ihnen machen?!" Tja, du musst dir einfach sagen, dass ich erst die achte Kundin bin ODER du nimmst meine 4 Äpfel aus dem Korb und legst sie auf die Waage ODER du vertraust mir einfach – das wäre ja auch eine Variante, schließlich bin ich seit fast zehn Jahren hier Kundin. Also gut, beim nächsten Mal habe ich das Obst und Gemüse in braune Papiertüten gepackt. Die hebe ich auf und verwende sie immer wieder, wobei ich die neuen Etiketten über die alten klebe. Ätsch.

Die durchschnittliche Verwendungsdauer einer Plastiktüte beträgt

10 BIS 12 MINUTEN.

LEBENSMITTEL MEIDEN, DIE MIT PLASTIK IN KONTAKT KOMMEN

PLASTIKVERPACKUNGEN KÖNNEN GIFTIG SEIN.

Das Putenschnitzel in einer Schale aus 7 SONSTIGE das mein Mann gerade gekauft hat, ist der Horror: Die Gruppe 7 ist die berühmt-berüchtigte Gruppe mit der „Sonstige"-Zusammensetzung. Ein Ding der Unmöglichkeit zu wissen, was da mit dem Fleisch in Kontakt kommt. Die Gruppe 06 PS ist übrigens genauso schrecklich.

DIE UNO SAGT DAZU:

„Die Toxine, die in Polystyrol-Behältern enthalten sind, können in Lebensmittel und Getränke übergehen."

LÖSUNGEN

➡ **DIE FINGER VON FLEISCH UND KÄSE IN SCHALEN, IN PLASTIKFOLIE ODER SICHTVERPACKUNGEN LASSEN – ODER ZUMINDEST VON VERPACKUNGEN AUS 06 PS UND 7 SONSTIGE.**

➡ **SOLCHE WAREN LIEBER AN DER FRISCHETHEKE KAUFEN** oder, noch besser, auf dem Markt oder im Fachgeschäft.

➡ **NUR DAS PAPIER NEHMEN,** das von den Verkäufern angeboten wird, nicht noch Beutel. Oder, falls das Papier mit Plastikfolie ausgeschlagen ist, eigene Frischhaltedosen aus Glas mitbringen. Oder den Behälter vom letzten Mal.

➡ Wenn es wirklich etwas Abgepacktes sein muss, **SICH MÖGLICHST AN 02 PE-HD 04 PE-LD UND 05 PP HALTEN.**.

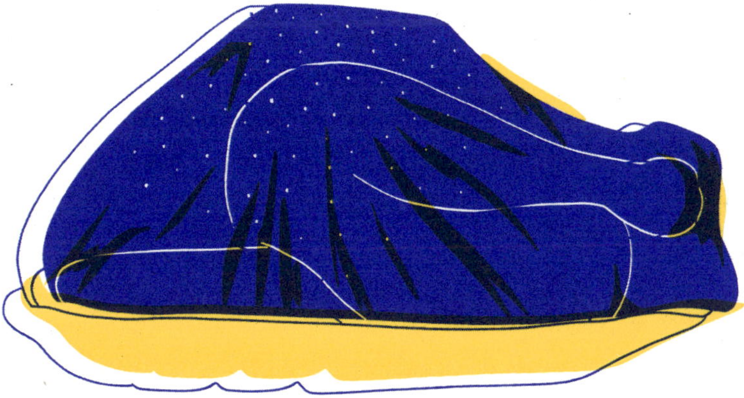

WIR SIND KEINE HELDEN

Als ich den Fleischverkäufer im Supermarkt zum ersten Mal bat, die Scheiben vom kalten Braten in meine Dose zu packen, hatte ich ein breites Lächeln und viele Argumente parat, um ihn zu überzeugen. Das war nach meiner Niederlage bei der Kollegin an der Kasse. Aber er hat es sofort akzeptiert – ich war fast enttäuscht! Allerdings nahm er genau das beschichtete Papier, das ich umgehen wollte, um die Scheiben abzuwiegen, bevor er sie in meine Dose legte. Also schlug ich ihm beim nächsten Mal (wieder lächelnd) vor, die Tara-Einstellung seiner Waage zu nutzen, um nur mit Dose und ohne Papier abwiegen zu können. Da erzählte er mir kläglich, die Waage sei „vor-tariert" und er wisse nicht, wie man die Einstellung ändert. Manchmal soll es einfach nicht sein ...

GLAS KONTRA PLASTIK: WAS IST BESSER FÜR UNSEREN PLANETEN?

Glas, keine Frage. Es ist zu über 80 % recycelbar (je nach Quelle bis zu 100 %), und das endlos. Glas wird in der Regel gut gesammelt. Und was die Gesundheit betrifft: es enthält keine endokrinen Disruptoren. Also das genaue Gegenteil von Plastik. Bei der Kohlenstoffbilanz allerdings schneidet Glas weniger gut ab als Plastik. Es ist beim Transport schwerer und führt daher zu mehr CO_2-Emissionen. Aus diesem Grund ziehen viele Verbraucher Tetra Paks vor, auch wenn deren Alu- und Plastikanteile problematisch sind. Ideal wäre es tatsächlich, wieder zu mehr Pfandflaschen aus Glas zurückzukehren. Wiederverwenden statt wegwerfen. Einfach auf den gesunden Menschenverstand hören!

PLASTIK VERSTECKT SICH AUCH IN METALLDOSEN.

Ja, Getränkedosen aus Aluminium und Konservendosen können mit Kunststoffharz beschichtet sein.

LÖSUNG

➔ Für jedes Lebensmittel **DAS BESTE BEHÄLTNIS FINDEN:**

- Gemüse **IN SCHRAUBGLÄSERN KAUFEN**
- Trockenfutter für die Katze **IN PAPPKARTONS**
- **MILCH IN DER GLASFLASCHE MIT PFAND**
- Und auch Fruchtsaft **IN DER GLASFLASCHE**

VERPACKUNGEN MIT RECYCLING-HINDERNISSEN

PLASTIKBECHER MIT ALUDECKELN

Materialkombinationen wie Joghurtbecher werden nur sauber recycelt, wenn Becher und Deckel voneinander getrennt im gelben Sack landen. Verbundwerkstoffe wie Getränkekartons müssen aufwendig in ihre Bestandteile zerlegt werden, bevor man sie recyceln kann.

LÖSUNGEN

➔ **JOGHURT IM GLAS KAUFEN**

➔ Noch besser:
IM JOGHURTBEREITER SELBER MACHEN!
Ehrlich, das ist kinderleicht – aus 1 Liter Vollmilch und 1 frischen Joghurt (für die Milchsäurebakterien) stelle ich, je nach Glasgröße, zwischen 7 und 11 Joghurts her, die sich über Nacht ganz von alleine machen. Und das bedeutet zweimal pro Woche 2 Packungen weniger aus dem Supermarkt. Ich stelle Naturjoghurt her und jeder rührt sich das hinein, was er möchte – ob Honig, Rohrzucker oder Marmelade.

DIE LÖSUNG: WAREN LOSE UND UNVERPACKT KAUFEN

Der ideale Weg, um Verpackungen zu vermeiden und sicher zu gehen, dass keine Partikel davon in die Lebensmittel gelangen. Beim losen Kauf füllt man die gewünschte Produktmenge direkt in ein Behältnis seiner Wahl. Immer mehr solche Geschäfte machen in den Großstädten auf; ganze Abteilungen florieren in Bio-Ketten wie Dennree, Alnatura und unabhängigen Bio-Läden. Dabei sollte auch die Hauptquelle loser Ware nicht vergessen werden, die es selbst in kleinen Ortschaften gibt: der Markt!

MAN BEKOMMT ALLES ALS LOSE WARE

Nicht nur Trockenfrüchte, Müsli oder Knabbereien, sondern auch Nudeln und Reis, Tee und Kaffee (um Propylen-Beutel zu meiden), sogar Öl, Essig oder Sirup zum Probieren. Man kann auch Kernseifenreste kaufen, um sein eigenes Waschmittel herzustellen. Und indem man immer nur soviel kauft, wie man auch braucht, belastet man sich nicht mit gleich 250 Gramm von einem Gewürz, das man nur einmal verwendet. Man muss bloß lernen, sich entsprechend auszustatten: 1 oder 2 Flaschen je nach Einkaufsliste plus Plastikdosen und feste Papiertüten, die man zu Hause in Schraubgläser und Blechdosen ausleert!

Adressen solcher Geschäfte finden sich auf utopia.de.

IN DER KÜCHE

KAPITEL 2

Das braucht man, um sich sicherer zu ernähren:

➧ Glasflaschen, Blechtöpfe und Vorratsdosen aus Glas, bei denen nur der Deckel aus Plastik ist

➧ Krüge, Kannen, Karaffen

➧ Plastikdosen, in denen Händler wie Metzger oder Olivenverkäufer ihre Waren abgeben (aber nur für den Transport)

AUS DER FLASCHE ODER AUS DEM HAHN?

WASSER AUS DER PLASTIKFLASCHE ENTHÄLT AUCH PLASTIK.

Mikropartikel wandern aus der Flasche in die Flüssigkeit, insbesondere wenn die Flasche Wärme ausgesetzt wird oder wenn sie wiederverwendet wird. Also lieber nicht wochenlang dieselbe kleine Wasserflasche neben dem Bett stehen haben!

LÖSUNGEN

- **PLASTIKFLASCHEN WEGLASSEN**
- **SICH EINE TRINKFLASCHE AUS EDELSTAHL AUSSUCHEN** – im Fachhandel für Haushaltswaren oder online, zum Beispiel auf flaschenscout.de.
- **SOLCHE PRODUKTE GIBT ES AUCH IN GROSSEN FACHGESCHÄFTEN** für Outdoor- oder Sportbedarf.
- **IN DIESE FLASCHEN LEITUNGSWASSER FÜLLEN.** Das ist viel besser, als Flaschenwasser zu trinken, wenn auch nicht ideal, denn …

Wir hätten

5 Kilo weniger

Müll pro Jahr und Verbraucher, wenn kein Wasser in Plastikflaschen mehr gekauft würde.

LEITUNGSWASSER AUCH!

75%

der Leitungswasserproben, die für die Erhebung von Orb media 2017 in Europa entnommen wurden, enthielten Plastik.

LÖSUNG

➜ **ICH TRINKE ES TROTZDEM!** Immerhin werfe ich so keine Plastikflaschen weg, und billiger ist es auch noch. Aber ich lasse das Wasser vor dem Trinken mindestens eine oder zwei Stunden in einer Karaffe stehen. Das hat mir eine befreundete Ärztin geraten, damit die Mikropartikel nach unten sinken können. Und den letzten Rest gieße ich weg.

DIE UNO SAGT DAZU:

1 MILLION

PLASTIKFLASCHEN WERDEN WELTWEIT PRO MINUTE VERBRAUCHT

KLUGE WAHL BEI DEN KOCHUTENSILIEN

PFANNEN UND TÖPFE KÖNNEN NANOPARTIKEL ABGEBEN.

Pfannen mit einer Antihaftbeschichtung aus Teflon, dem gängigen Begriff für Polytetrafluorethylen, sollte man nicht mehr verwenden, wenn die Beschichtung zerkratzt ist und beginnt, sich abzulösen. Alte Modelle können außerdem Perfluoroctansäure (PFOA) enthalten, die bei starker Erhitzung giftig ausdünstet.

LÖSUNGEN

➧ **SCHWARZE BESCHICHTUNGEN MEIDEN.** Ich habe bei mehreren Pfannenherstellern nachgesehen: Sie machen keine Angaben zu den verwendeten Materialien!

➧ Backformen, Pfannen und Töpfe durch Produkte aus **EDELSTAHL ODER MIT KERAMIKBESCHICHTUNG ERSETZEN.** Dasselbe gilt für das Küchenbesteck: Auch hier Edelstahl nehmen – oder aber Holz oder Bambus.

ES GIBT NOCH ANDERE FRAGWÜRDIGE UTENSILIEN UND GERÄTE.

Wenn ich schon mal dabei bin, sollte ich mich dann nicht gleich von allen unnötigen Dingen trennen – vor allem von denen, die nicht ganz „sauber" sind?

LÖSUNGEN

➜ **ICH ENTSORGE DIE ÖKO-BECHER,** diese „wiederverwendbaren" Becher aus 100 % Plastik, die man auf Festivals bekommt und irgendwann doch nur im Müll landen!

➜ **WEG MIT DER KAFFEEMASCHINE** (und den Kapselabfällen, die Schuldgefühle auslösen). Ich krame den Bodum-Kaffeebereiter wieder hervor (für mehrere Personen) und den Mini-Espresso-Kocher (nur für mich), den ich mir während meines Erasmus-Jahres in Italien zugelegt habe! Ein echter Espresso, den ich auf dem Herd zubereite – und zwar genau so, wie ich ihn mag.

➜ Dasselbe beim Wasserkocher: **ICH ERSETZE IHN DURCH EINEN EDELSTAHL-WASSERKESSEL,** der auf dem Herd steht und pfeift, wenn das Wasser kocht.

EINE NETTE ERFINDUNG: DER TRINKHALM-LÖFFEL

Als Ersatz für die Plastiktrinkhalme (die jetzt verboten werden), gibt es kleine Edelstahllöffel mit einem etwas längeren und hohlen Stiel, durch den man sein Getränk schlürfen kann. Spaßig und umweltfreundlich!

WIR SIND KEINE HELDEN

Obwohl alle Ratgeber und auch die Zero-Waste-Päpstin Béa Johnson das Gegenteil sagen, haben wir unsere Salatschleuder behalten. Ich weiß, dass sie eins der ersten Dinge ist, auf die man verzichten sollte. Dafür gibt es schließlich Geschirrtücher! Aber ich finde sie eben praktisch, und außerdem habe ich so weniger Wäsche.

FRISCHHALTEFOLIE IST PRAKTISCH UND HYGIENISCH – ABER AUS PLASTIK.

HALBE LÖSUNG

Im Kühlschrank lassen sich Lebensmittel in Glasdosen oder auch auf dem guten, alten tiefen Teller aufbewahren, den man mit einem flachen Teller abdeckt. Für Sandwiches gibt es im Bio-Laden eine Folie, die als „ohne Weichmacher" und „oxo-abbaubar" ausgezeichnet ist. „Oxo" steht für Zusätze, die bewirken, dass sich die Folie in der Natur schneller zersetzt – wobei am Ende aber doch Mikroplastik daraus wird. Keine Top-Lösung also.

ECHTE LÖSUNG

Dann bin ich auf naturlich-familie.de gestoßen. Dort bekommt man für 25 Euro drei waschbare Bienenwachstücher in unterschiedlichen Größen. Diese Tücher eignen sich wunderbar dazu, im Kühlschrank Teller abzudecken – in den Backofen sollte man sie allerdings lieber nicht tun. Außerdem habe ich auf YouTube Tutorials gefunden, wie man Sandwich-Hüllen selber näht. Man kann sie aber auch fertig kaufen, zum Beispiel handgefertigt auf der Seite etsy.com. Wer braucht da noch Frischhaltefolie?!

PLASTIK UND HITZE: ZWEI, DIE SICH NICHT VERTRAGEN.

Man sollte Essen nicht in Plastikbehältern aufwärmen, in der Mikrowelle zum Beispiel.

LÖSUNGEN

➜ **AUFBEWAHREN KANN MAN RESTE** in Plastikdosen, aber nie darin aufwärmen.

➜ **EINEN EDELSTAHLTOPF NEHMEN** oder, als Mikrowellen-Fan, einen Keramikteller.

DIE FREUDE AM KOCHEN WIEDERENTDECKEN

WIR KONSUMIEREN VIEL ZU VIELE INDUSTRIELL GEFERTIGTE, „PLASTIFIZIERTE" PRODUKTE.

Solche Lebensmittel stecken in Plastik (den Verpackungen), und mitunter steckt Plastik auch in ihnen: Bisphenole oder Phthalate nämlich, die in die Lebensmittel übergehen, und die Nanopartikel, die irgendwann vor uns in der Nahrungskette aufgenommen wurden – beispielsweise von Fischen.

LÖSUNGEN

➔ **JE NACH GUSTO ICH INVESTIERE ICH IN EINEN JOGHURTBEREITER,** eine Platte, auf der man mehrere Crêpes gleichzeitig backen kann, oder in Backformen für Muffins (am besten aus Edelstahl).

➔ **ICH STELLE SCHRITT FÜR SCHRITT AUFS SELBERMACHEN UM.** Dafür setze ich mir Etappenziele: zuerst die Desserts, dann die Wochenendmahlzeiten und so weiter.

➔ **AM WOCHENENDE RESERVIERE ICH ZEIT, UM MIT DER FAMILIE ZU KOCHEN.** Dabei koche ich die doppelte Menge und friere einen Teil ein. Zusätzlich koche ich an zwei Abenden unter der Woche frisch.

➔ **ANGEFANGEN WIRD MIT DEM, WAS AM EINFACHSTEN GEHT** und was ich gerne koche.

Wer hilft, wenn einem etwas etwas dazwischenkommt? Wenn man am Sonntag verschlafen hat, natürlich der Bäcker. Frische Schokocroissants und Apfeltaschen sind allemal besser als Abgepacktes! Und der Metzger mit seiner Auswahl an Gerichten, wenn man einmal nicht zum Kochen kommt.

1. ETAPPE: ZWISCHENMAHLZEIT

Mein Mann und ich haben beim Nachmittagsimbiss angefangen. Wir machen am Sonntag einen Crêpe- oder Waffelteig und frieren die Hälfte ein. Und schon haben wir zwei Zwischenmahlzeiten! Eine für Sonntag und eine für Mittwoch – denn an dem Tag bin ich für die Kinder da.

Außerdem backen wir 2 einfache, schnelle Kuchen (Marmor- oder Käsekuchen, Streuselkuchen oder Kirschenmichel) und frieren einen ein. Das ergibt die Zwischenmahlzeit für gleich vier Nachmittage – denn unsere drei Söhne dürfen nicht den GANZEN Kuchen auf einmal in sich hineinstopfen, der muss für zweimal reichen! Das ideale Plätzchenrezept haben wir noch nicht gefunden, aber wir bleiben dran.

Und dann versuchen wir noch, unsere Schleckmäuler für andere Formen des Vier-Uhr-Snacks zu begeistern: Getrocknete Früchte (Mango ist bei uns der Renner), Nüsse (Walnüsse und Mandeln gehen auch recht gut), einfach mal Obst (da gab es lange Gesichter, für unsere Kinder ist das ein Nachtisch und bleibt es auch) und auch Sonnenblumen- und Kürbiskerne.

2. ETAPPE:
PIZZA, QUICHE & CO.

Es ist wirklich kinderleicht, einen Mürbe- oder Pizzateig herzustellen: das dauert gerade einmal 10 Minuten! Und lieber beim Metzger ein Schinken-Endstück oder Schweinebauch kaufen als abgepackte Speckwürfel im Supermarkt. Außerdem habe ich gemerkt, dass eine selbstgemachte Quiche für fünf reicht, inklusive zwei Erwachsene – niemand will noch ein Stück und: nein, das liegt nicht daran, dass es nicht schmeckt! Sie macht einfach WIRKLICH satt. Nach einer Quiche aus Fertigteig und abgepacktem Speck hatten immer alle noch Hunger und wollten Nachschlag.

UND WAS IST MIT SILIKONFORMEN, SIND DIE AUCH AUS PLASTIK?

Jein. Es ist ein Hybridmaterial, dessen chemische Grundlagen Silicium und Sauerstoff sind, denen Kohlenwasserstoffe, auf denen Kunststoffe basieren, zugesetzt sein können. Es gibt also mehrere Arten von Silikon. In der Medizin und Körperpflege wird das Material viel eingesetzt, zum Beispiel für Implantate oder Menstruationstassen. Für den Gebrauch in der Küche sollte man beim Kauf auf gute Qualität achten (erkennbar daran, dass die Form nicht weiß wird, wenn man sie knautscht) und auf eine Hitzebeständigkeit bis mindestens 200 °C (das steht meist direkt auf der Form).

PRODUKTE FÜR DIE KÖRPERPFLEGE

KAPITEL 3

Das braucht man für *Do-it-yourself*-Produkte zur Körperpflege:

- Einige kleine Schalen zum Anrühren und Ausprobieren der Rezepte für Deo, Zahnpasta etc.
- Kleine Blechdosen, um seine Kreationen überallhin mitzunehmen
- Eine Gabel (ist bei kleinen Mengen geeigneter als ein Schneebesen)
- Natron
- Ätherische Öle (Minze oder Zitrone für Zahnpasta, Palmarosa für das Deo – Vorsicht beim Hantieren mit diesen Ölen: Einige sind für Kinder oder Schwangere nicht geeignet!)
- Kokosöl

EIN BADEZIMMER OHNE PHTHALATE

EIN DUSCHVORHANG AUS PVC KANN PHTHALATE FREISETZEN.

Diese chemischen Substanzen verteilen sich sehr leicht in der Luft. Dann binden sie sich an die winzigen Staubpartikel im Bad, und man atmet sie täglich ein.

LÖSUNGEN

➜ **EIN DUSCHVORHANG MIT MÖGLICHST HOHEM TEXTILANTEIL** oder einen, der zumindest frei von Phthalaten ist

➜ **EINE DUSCHKABINENTÜR EINBAUEN** oder eine Abtrennung aus Plexiglas (ja, die ist dann auch aus Plastik, aber mit weniger flüchtigen Elementen).

GESUNDE KOSMETIKA ...

VIELE SHAMPOOS UND DUSCHGELS ENTHALTEN ENDOKRINE DISRUPTOREN.

Aus der Zusammensetzung von Kosmetika schlau werden? Ein Ding der Unmöglichkeit. Die App Codecheck hilft da weiter und informiert über schädliche Zusatzstoffe. Wer derlei nicht an seine Haut lassen will, kauft am besten im Bio-Laden.

LÖSUNGEN

➧ **„FLÜSSIGE" KOSMETIKA WEGLASSEN**

➧ **SEIFE UNVERPACKT KAUFEN** – (Aleppo-Seife, Kernseife, Arganöl-Seife) – sie sind oft besser für die Haut. Man bekommt sie in Läden, die offene Waren verkaufen. Seifenstücke, die nur in einer Pappschachtel verpackt sind (Mont St Michel oder Diadermine zum Beispiel), bekommt man auch in Supermarkt und Drogerie.

➧ **FESTES SHAMPOO AUSPROBIEREN.** Die Idee ist dieselbe: die Plastikpackung einsparen. Feste Shampoos werden hauptsächlich in Bio-Läden, aber auch in Drogeriemärkten verkauft. Sie werden sparsam verwendet und halten deutlich länger als Flüssigshampoo.

KINDISCHE REAKTION

Mein Mann hatte Sorge, dieses feste Shampoo könnte unseren Vierjährigen „verwirren". „Du weißt doch, für ihn kommt das Shampoo, das nicht in den Augen brennt, aus der weißen Flasche!" Ich habe weiter nichts gesagt und den Kleinen beim nächsten Bad „verwirrt". Erkenntnis: Er war begeistert, das Shampoo selbst auf dem Kopf verteilen zu dürfen. Und weil das feste viel weniger schäumt als das flüssige, gab es beim Ausspülen auch fast kein Geschrei!

MEINE FEUCHTIGKEITSCREME MUSS ICH AUCH WECHSELN.

Die Tube ist nicht recycelbar und bei der Zusammensetzung der Creme ist Vorsicht geboten.

LÖSUNGEN

➜ **AUF VERTRAUENSWÜRDIGE MARKEN SETZEN,** die es in Apotheken, Bio-Läden und einigen Drogeriemärkten gibt, wie Weleda. Die Calendula-Creme von Weleda ist praktisch, denn die ganze Familie kann sie für Gesicht und Körper verwenden, und die Tube ist aus Alu. Mein Hautarzt rät, sich an der Zutatenliste zu orientieren: die besten Produkte haben die kürzeste.

➜ **MAN KANN AUCH TROCKENÖLE NEHMEN** für den Körper und Sheabutter fürs Haar.

WIR SIND KEINE HELDEN ABER FAST

Wenn man einen Teenager im Haus hat, scheint die allerschlimmste Folter (oder besser: die drittschlimmste, gleich nach dem Handy- und dem Lieblingsdeo-Verbot) die zu sein, das Duschgel seiner Lieblingsmarke abzuschaffen. Mein Teenager durfte seine heißgeliebte Duschgel-/Deo-Kombi von Adidas letztendlich behalten – aber nur für die Schule und seinen Spind beim Fußball.

… MIT WENIGER PLASTIKVERPACKUNGEN

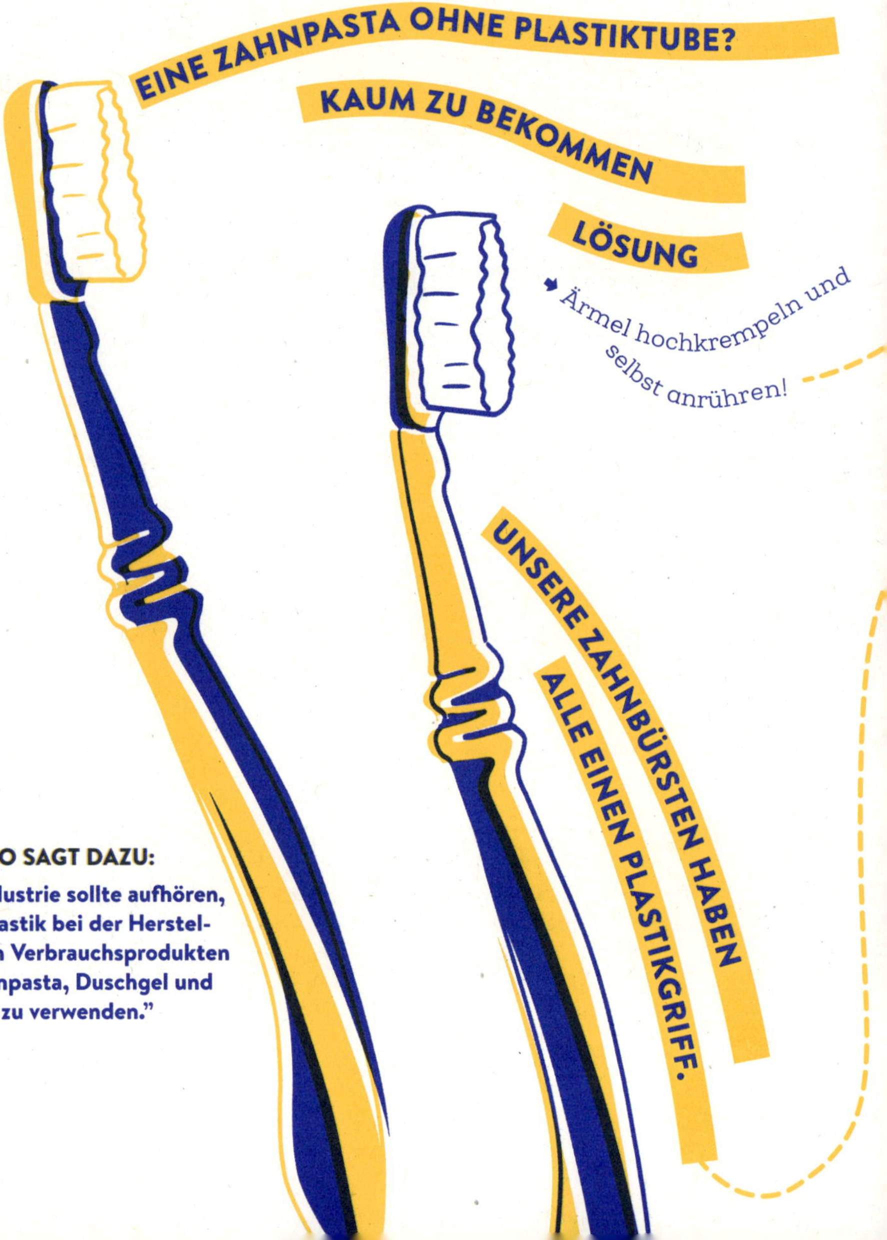

DIE UNO SAGT DAZU:

„Die Industrie sollte aufhören, Mikroplastik bei der Herstellung von Verbrauchsprodukten wie Zahnpasta, Duschgel und Cremes zu verwenden."

REZEPT FÜR ZAHNPASTA NACH ART DES HAUSES

Dies ist das einfachste Rezept, das ich gefunden habe. Es stammt von dentaly.org, wo es mehrere Rezepte für die unterschiedlichen Bedürfnisse der Zähne gibt: **1/3 Natron, 2/3 weiße Tonerde (Kaolin), einige Tropfen ätherisches Minzöl.** Angefangen habe ich mit ein paar Teelöffeln und dabei ein feines Pulver erzielt, das ich in eine kleine Terrakotta-Schale gefüllt habe. 3 Teelöffel dieser Mischung haben fünf Personen fast zwei Wochen lang gereicht. Fünf Personen, na ja ... es hat eine Weile gedauert, bis die Kinder ihre angefeuchteten Zahnbürsten in das Pulver getaucht haben – aber nach dem ersten Versuch sind sie dabei geblieben. Natron hat einen leicht salzigen Geschmack, das Pulver hat im Mund denselben Effekt wie klassische Zahnpasta – es schäumt weniger, das ist alles. Ich stelle lieber öfter und dafür kleinere Mengen her, damit das Pulver immer sauber ist.

LÖSUNG

➡ ZAHNBÜRSTEN AUS BAMBUS, DIE SICH KOMPLETT ZERSETZEN.
Man findet sie nur in Bio- oder Lose-Ware-Läden. Sie sind besser als Modelle aus recyceltem Plastik oder solche mit weiterverwendbarem Griff und Wechselkopfbürsten. Denn irgendwann ist auch da Schluss mit dem Recyceln.

AUF DEN PREIS ACHTEN!

Manchmal lohnt sich das Selbermachen!
So zum Beispiel bei der festen Zahnpasta, die stolze 12 Euro kostet – wohingegen man mit dem Pulver, das man aus denselben Zutaten selbst anrührt, bloß auf wenige Cents kommt. Lieber das Geld für Dinge ausgeben, die man nicht selbst machen kann wie die Bambus-Zahnbürsten (rund 8 Euro) oder die „Oriculi", wiederverwendbare Ohrreinigungsstäbchen, die es online oder (von Lamazuna, 4,50 Euro pro Stück) auch in Bio-Läden gibt.

WIE LASSEN SICH DEOSPRAY, DEOROLLER UND DEOSTIFT ERSETZEN?

➧ **MIT EINEM ALAUNSTIFT** aus dem Bio-Laden. Er wirkt zuverlässig. In abgerundeter Form lässt er sich leicht anwenden.

➧ **SELBST EINE DESODORIERENDE CREME HERSTELLEN:**

REZEPT FÜR EIN SELBSTGEMACHTES DEO

Hier eine vereinfachte Zubereitung, basierend auf verschiedenen Rezepten und Tipps:

2 Teelöffel Natron und 3 Teelöffel Kokosöl mit einer Gabel mischen. 4–5 Tropfen ätherisches Palmarosa-Öl zugeben. 2 Stunden im Kühlschrank fest werden lassen. So erhält man eine körnige Creme, die sich mit den Fingern leicht unter den Achseln verteilen lässt. Hinterlässt keine weißen Spuren.

Die supereinfache Option (wenn man es eilig hat): Manche Anwender empfehlen, einen Tropfen Palmarosa direkt unter die Achseln zu geben oder ein wenig sehr feines Natron einzureiben. Palmarosa duftet anfangs stark, Natron riecht überhaupt nicht.

Vorsichtsmaßnahme: Einen anderen Behälter nehmen als für die Zahnpasta – am ersten Abend hat sich mein Mann die Zähne mit dem Deo geputzt.

ZWISCHEN
10.000
UND 15.000
Einweg-Menstruations-
produkte verwendet
eine Frau im Laufe
ihres Lebens.

FÜR SIE UND IHN

IN PRODUKTEN FÜR DIE INTIMHYGIENE WIMMELT ES NUR SO VOR PLASTIK (UND ANDEREN ÜBLEN DINGEN).

Nicht nur UM Hygieneprodukte wie Slipeinlagen, Binden und Tampons herum findet man Plastik, sondern auch IN ihnen drin. Und die Verpackung wandert direkt auf die Mülldeponie oder in die Verbrennungsanlage.

LÖSUNGEN

➔ **NUR BIO-PRODUKTE KAUFEN** oder solche, die mit der Kennzeichnung „0 % Plastik“ versehen sind wie die der Marke Natracare.

➔ **VERABSCHIEDET EUCH VON TAMPONS UND PROBIERT ES MIT EINER MENSTRUATIONSTASSE.** Sie besteht aus medizinischem Silikon oder TPE (thermoplastischem Elastomer), was zwar ein Verwandter des Kunststoffs ist, aber frei von Phthalaten. Diese Art von Silikon wird insbesondere für Fläschchensauger verwendet. Ihre Lebensdauer beträgt mehrere Jahre. Die Tasse nimmt über die empfohlene Maximaldauer von 6 Stunden Flüssigkeit auf und wird einfach in die Toilette entleert (Waschbecken erforderlich).

WIR SIND KEINE HELDEN ABER FAST

Waschbare Binden kaufen? Na gut, aber nur für ruhige Tage zu Hause. Wie bei waschbaren Windeln muss man dazu bereit sein, sie nach jeder Verwendung erst unter kaltem Wasser zu schrubben und dann in der Waschmaschine zu waschen. Zeitraubend und unterwegs schier unmöglich. Doch jede waschbare Binde, die man am Wochenende, im Urlaub oder im Homeoffice verwendet, bedeutet eine Wegwerfbinde weniger für die Umwelt.

EINWEGRASIERER, OB FÜR SIE ODER IHN, SIND EINE KATASTROPHE.

Und Plastikrasierer, bei denen die Klingen nach 2 oder 3 Anwendungen ausgetauscht werden, sind kaum besser. Außerdem rauen sie die Haut auf, so dass man hinterher viel Creme braucht.

LÖSUNGEN

➡ **DER ELEKTRORASIERER** für den Mann, wenn er ihn mag ... aber bei uns Frauen ziept er ein bisschen.

➡ **ZURÜCK ZUR GUTEN, ALTEN EDELSTAHL-KLINGE,** die nur ein- bis zweimal pro Jahr gewechselt werden muss. Eine gute Wahl, sowohl für das Kinn von Monsieur als auch für die Beine von Madame. Mit 30 Euro für den Rasierer und 10 Euro für 10 Klingen ist man 10 Jahre versorgt! (Allerdings mussten wir lange danach suchen. Am besten in einer Drogerie oder bei einem Herrenfriseur nachfragen).

Seit 1975 hat BIC mehr als 60 MILLIARDEN RASIERER verkauft.

KONDOME SIND AUS AUS KUNSTSTOFF ODER SYNTHETISCHEM LATEX.

Außerdem enthalten sie chemische Bestandteile wie Stabilisatoren, Farbstoffe und dergleichen mehr, die zu Hautreizungen und Allergien führen können.

LÖSUNG

➜ KONDOME AUS NATURLATEX KAUFEN

Die gibt es von den Marken einhorn, Fair Squared, Sustain oder auch von MySize, in Bio-Läden.

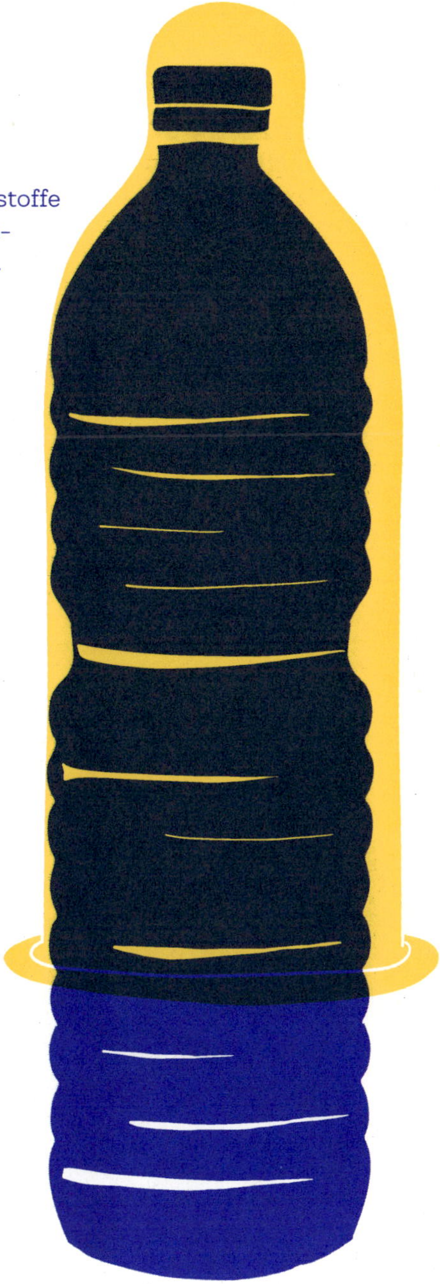

UNSERE WOW-BILANZ:
In einem Jahr haben wir ...

- 10 Tuben Zahnpasta
- 20 Plastikzahnbürsten
- 12–15 Flaschen Duschgel
- 15–20 Flaschen Shampoo
- 5–8 Tuben Feuchtigkeitscreme
- 10 Pakete Monatsbinden
- 5 Packungen Einweg-Rasierklingen

... eingespart!

BABYS KÖRPERPFLEGE

Im Rahmen einer Studie mit 60 Millionen Teilnehmern wurden 2017
BIS ZU 54 SCHADSTOFFE IM HAAR VON 43 KINDERN IM ALTER VON 10–15 JAHREN
NACHGEWIESEN: DARUNTER IN 98 % DER PROBEN BISPHENOLE SOWIE 10 VERSCHIEDENE PHTHALATE.

WEGWERF-WINDELN KÖNNEN KREBSERREGENDE STOFFE ENTHALTEN.

In Babywindeln wurden PAK (polyzyklische aromatische Kohlenwasserstoffe) gefunden.

LÖSUNGEN

➔ **WEG MIT DEN NORMALEN WINDELN** und Billigprodukten!

➔ **ICH KAUFE ÖKO-WINDELN,** garantiert ohne Kunststoff.

➔ Wer ganz mutig ist, kann **AUF WASCHBARE WINDELN UMSTEIGEN** (Hochachtung!).

AUCH WEGWERF-REINIGUNGSTÜCHER SIND NICHT OHNE!

In einigen Sorten wurden kritische Substanzen wie endokrine Disruptoren nachgewiesen.

LÖSUNGEN

➧ **NUR NOCH WATTE UND WASSER NEHMEN,** ganz einfach.

➧ **LINIMENT** ersetzt bei wundem Po sogar die Wundheilsalbe. Eine 1-Liter-Flasche hält eine Weile. In die leere Flasche fülle ich später selbstgemachtes Liniment.

➧ Sich informieren, von welchen Marken es **REINIGUNGSTÜCHER AUS BIO-BAUMWOLLE ODER ANDEREN NATURFASERN** gibt.

Eine gute Bezugsquelle: Oekobabystore.de zum Beispiel bietet Waschlappen und wiederverwendbare Reinigungstücher von verschiedenen Herstellern an. Im Set kosten sie gerade mal 1–2 Euro pro Stück.

Das Plus: Es sind Textilien aus Bio-Baumwolle oder zertifiziertem Baumwoll-Mull. Man kann sie bei hohen Temperaturen waschen, das macht sie hygienisch und lange wiederverwendbar. Außerdem sind sie deutlich besser für die Haut.

REZEPT FÜR LINIMENT

(aus dem Ratgeber *Le Zéro déchet* von Camille Ratia)
100 ml Kalkwasser – aus der Apotheke oder dem Bio-Laden – und 100 ml Bio-Olivenöl. Mit 5 g Bienenwachs (im Wasserbad geschmolzen) kann man die Mischung stabilisieren. Sonst einfach vor jedem Gebrauch gründlich umrühren.

HONIG: DER JOKER FÜR SCHÖNHEIT UND GESUNDHEIT

Viele stillende Mütter können ein Lied davon singen: wunde Brustwarzen. Um dem vorzubeugen, ohne auf industriell hergestellte Cremes zurückzugreifen, kann man sich die Brustwarzen nach jedem Stillen mit einer Mischung aus einem Teelöffel Honig und 4–5 Tropfen Zitrone einreiben. Zitrone heilt und desinfiziert, Honig beruhigt und regeneriert. Aber Achtung: Honig kann Säuglingen gefährlich werden. Unbedingt gründlich abwaschen, bevor man das Baby das nächste Mal anlegt!

Honig ist auch für feuchtigkeitsspendende Gesichtsmasken oder als Balsam für rissige Lippen geeignet. So kommt man um das Silikon herum, das in vielen Lippenpflegestiften enthalten ist. Sehr einfache Rezepte sind im Internet oder in entsprechenden Ratgebern zu finden. Meistens wird dafür Bienenwachs und/oder Pflanzenöl beigemischt.

BEIM HAUS-PUTZ

KAPITEL 4

Das braucht man für Putzmittel Marke Eigenbau:

- Plastikflaschen zum Aufbewahren der Putzmittel, einmal für das WC und einmal für Küche/Böden/Bad (dafür die letzten gekauften Flaschen aufheben)
- Einen Topf zum Mischen
- Einen Edelstahl-Schneebesen
- Einen Trichter
- Weißen Tafelessig
- Schmierseife
- Zitronensäure
- Mehl

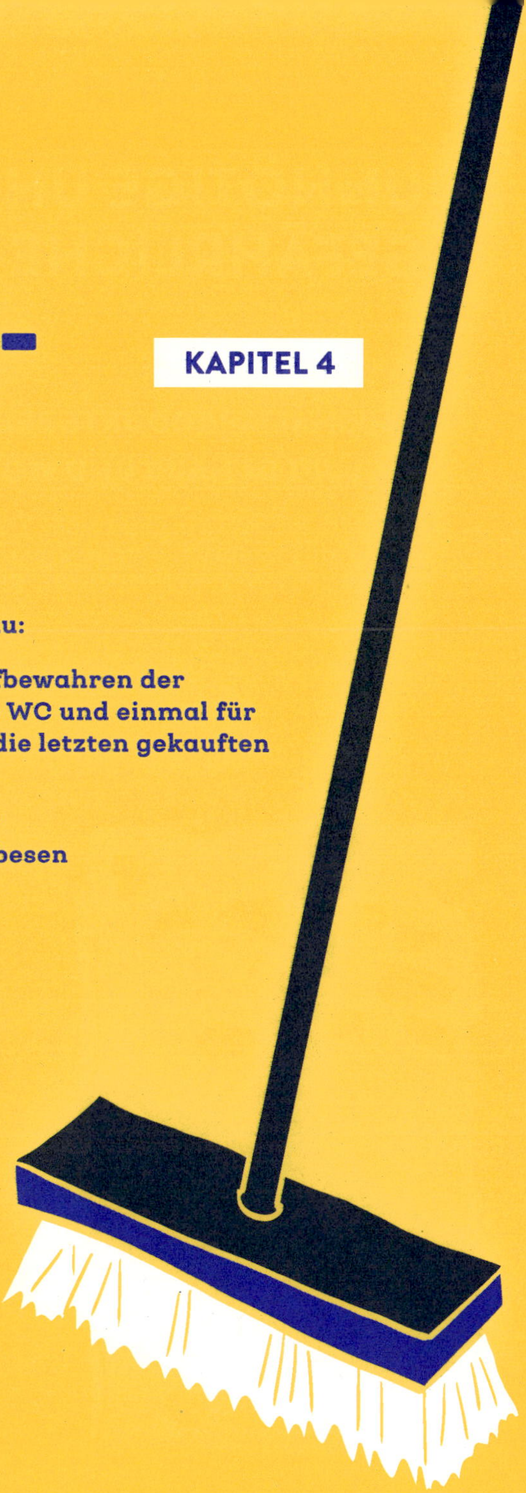

UNNÖTIGE UND GEFÄHRLICHE PRODUKTE

HAUSHALTSPRODUKTE BELASTEN DIE LUFT IN HAUS UND WOHNUNG.

Chemischer Geruch nach dem Putzen lässt auf nichts Gutes schließen. Flammschutzmittel und Phthalate, die in Putzmitteln enthalten sind, können sich im Staub und auf den geputzten Flächen niederschlagen.

LÖSUNGEN

➡ **WEG MIT AGGRESSIVEN UND ÜBERFLÜSSIGEN PRODUKTEN.** Es muss nicht für die Spüle, für Waschbecken und Badewanne, für die Böden und die Toilette jeweils ein Spezialmittel sein.

➡ **ICH KAUFE SCHMIERSEIFE UND TAFELESSIG** – die zwei Produkte, mit denen man alles sauber bekommt.

Eine meiner Freundinnen ist Essig-Fan. Sie nimmt ihn für einfach alles (er reinigt und entkalkt zugleich). Sogar in der Dusche steht er bereit – bevor sie die Duschkabine verlässt, gibt sie einen Spritzer Essig auf einen Schwamm und reibt alles einmal ab! Für mich ist der Geruch ein Problem. Ich habe versucht, dem Tafelessig ätherisches Öl beizumengen, aber das Ergebnis hat mich nicht überzeugt. Deswegen habe ich es mit flüssiger Schmierseife probiert – pur oder verdünnt, je nachdem, ob ich die Spüle putzen will oder den Boden. Schmierseife riecht neutral, löst Fett zuverlässig und eignet sich sogar als Fleckentferner für die Wäsche.

PUTZMITTEL SELBST HERSTELLEN

MANCHMAL REICHT SCHMIERSEIFE NICHT.

Beim Entkalken der Toilette zum Beispiel ist sie keine große Hilfe.

LÖSUNG

➜ **HAUSMITTEL AUSPROBIEREN!**

REZEPT FÜR EINEN WC-REINIGER

Mehl und Zitronensäure! Bisher habe ich das Wasser abgeschöpft – puh, wie die Ablagerungen im WC riechen! – und dann Essig hineingegossen. Jetzt stelle ich mich entspannt lächelnd vor die Schüssel, statt umständlich zu knien, gebe erst Mehl hinein und dann einen Schuss Zitronensäure. In dieser Reihenfolge. Über Nacht ist diese Toilette für alle tabu. Am Morgen betätige ich die Spülung und bürste nach. OK, an den Kanten geht nicht gleich alles ganz weg, aber – für so wenig Aufwand ist das Ergebnis top! Danke für diesen Tipp an Jérémie Pichon und Bénédicte Moret und ihr Buch *Famille zéro déchet!*

WIR SIND KEINE HELDEN

Den Chemiker zu spielen ist nicht ganz ohne. Eine Freundin, deren Badewanne verstopft war, hat eine Rezeptur aus einem Ratgeber leicht abgewandelt und das Natron in Pulverform durch Natronkristalle ersetzt. „Macht doch keinen Unterschied!" Oh doch. Denn nun dichtete eine seltsame kompakte Masse das Abflussloch zusätzlich ab!

KINDISCHE REAKTION

Diesmal war es mein Bruder. Für ihn taugt ein Putzmittel nur dann etwas, wenn es leuchtend blau oder grün ist. Das Gel, das er in seine Toilette schüttet, muss schon nach etwas aussehen – und es muss stark nach Lavendel oder Eukalyptus duften. Er stimmt mir zu, dass das völliger Blödsinn und Essig viel besser ist (aus all den guten Gründen, die ich ihm nannte, und auch für die Gesundheit) – aber nein. Wenn er vor seiner Toilettenschüssel steht, braucht er die Flasche in Entenform. Die mit dem zusätzlichen Chlor. Um ganz sicher zu gehen.
(Er lehnt auch selbstgemachte Deos und Bambuszahnbürsten ab. Aber da hat keiner so ganz verstanden, warum.)

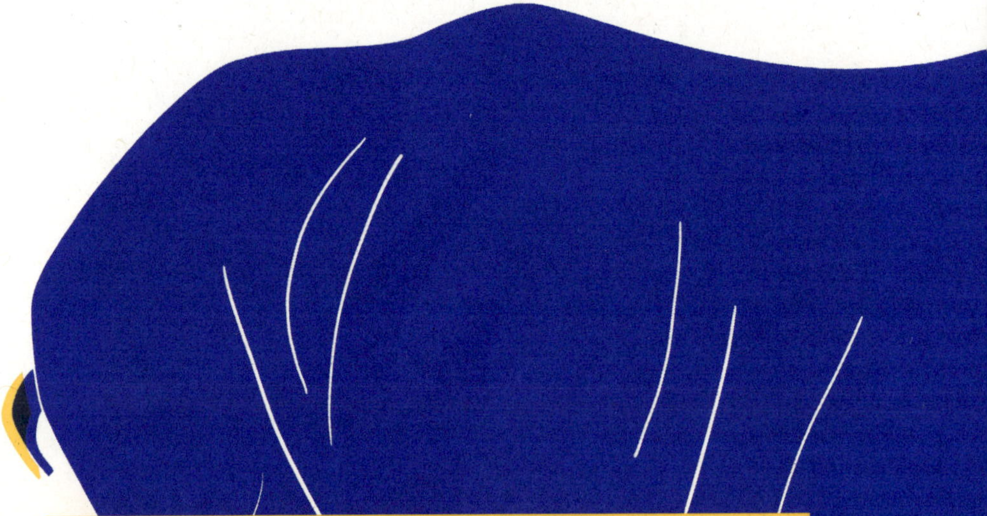

EXPERIMENTE IM STILLEN KÄMMERLEIN

Herstellen eines Geschirrspülmittels: 1. Anlauf!

Zuerst habe ich ein ganz einfaches Rezept mit ausgepressten Zitronen und Tafelessig ausprobiert. Am Abend fällte mein Mann sein Urteil: „Es schäumt nicht, es stinkt, und meine Hände werden noch drei Tage nach Essig riechen." *Wer sich benimmt wie ein übellauniges, ungehobeltes Nashorn, der wird die Welt nicht verändern*, dachte ich mir, aber ohne etwas zu erwidern (eine erprobte Methode, um eine Debatte im Sande verlaufen zu lassen). Doch als ich am nächsten Tag selbst an der Spüle stand, musste ich ihm doch recht geben. Mein Nashorn hatte den Nagel auf den Kopf getroffen, und außerdem löste das Mittel das Fett nicht!

Herstellen eines Geschirrspülmittels: 2. Anlauf!

Diesmal ging ich mit einer Mischung aus Schmierseife und Natriumbicarbonat (Natron) an den Start. Beim ersten gespülten Teil sprang ich wie in der Werbung vor Freude in die Luft: das Fett hatte sich gelöst! Aber bei keinem der folgenden Geschirrteile funktionierte es mehr. Ich bin ja keine Chemikerin, aber eins ist sicher: manche Mischungen wirken nicht lange!

GESCHIRRSPÜLMITTEL SELBER MACHEN?

All meine Versuche, Geschirrspülmittel selbst herzustellen, sind gescheitert.

MISSION IMPOSSIBLE!

HALBE LÖSUNGEN

➔ **EINEN KLEINEN SPENDER KAUFEN** und in einem Lose-Ware-Laden immer wieder auffüllen. So verbraucht man wenigstens weniger Plastikflaschen.

➔ **SPÜLEN AUF GROSSMUTTERS ART:** mit sehr heißem Wasser und sonst nichts! Fertig!

UNSERE WOW-BILANZ:

5 Flaschen weniger im Schrank: Badreiniger, WC-Reiniger, Bodenputzmittel, Spezialreiniger für die Küche und Weichspüler!

EIN HOCH AUF DIE GENÜGSAMKEIT!

DIE SPÜLMASCHINE BRAUCHT EIN PULVER UND EINEN KLARSPÜLER.

Das sind gleich 2 Behältnisse für ein einziges Haushaltsgerät!

LÖSUNG

➜ **3-IN-1-TABS KAUFEN** (Reiniger, Klarspüler, Enthärter) – im Pappkarton, einzeln in wasserlöslicher Folie eingeschweißt. Problem gelöst!

DIE WASCHMASCHINE BRAUCHT WASCHMITTEL UND WEICHSPÜLER.

Grrr, Flüssigwaschmittel und Weichspüler sind auch schon wieder zwei Behälter.

LÖSUNG

➜ **WASCHPULVER IM KARTON KAUFEN** (auch Öko-Nachfüllpackungen sind aus Plastik) und den Weichspüler ganz weglassen! An selbstgemachte Waschmittel auf Efeubasis traue ich mich nicht heran – ehrlich gesagt ist mir die dickflüssige Mixtur meiner Schwägerin nicht ganz geheuer, die vor jeder Wäsche mit einem Stock umgerührt werden muss und dann trotzdem das Einfüllfach verstopft, bis alles überläuft!

BEI DER KLEIDUNG

KAPITEL 5

In einem plastikfreien Kleiderschrank hängen Holzkleiderbügel mit Kleidungsstücken aus natürlichen Materialien:

- Baumwolle
- Leinen
- Wolle
- Neue Fasern wie Bambus, Hanf oder Tencel

ALLERGENE MATERIALIEN MEIDEN

Polyester, Polyamid, Gore-Tex, Fleece, Klettverschlüsse – unsere Kleidung besteht zu großen Teilen aus synthetischen Fasern, die auf Kunststoffbasis hergestellt werden.

EINIGE SYNTHETISCHE MATERIALIEN KÖNNEN ALLERGIEN AUSLÖSEN.

In einer im Juli 2018 veröffentlichten Studie von Anses, der französischen Agentur für Nahrungssicherheit, Umwelt und Arbeitsschutz, wurden Stoffe identifiziert, die für Hautreizungen oder Allergien verantwortlich sind, darunter 20 chemische Substanzen in Kleidung und 50 in Schuhen (!). Insbesondere in der Lederwarenindustrie werden doch tatsächlich Kunstharze zum Verleimen von Leder und Gummi verwendet.

In ihrem Buch Plastic Planet nennen Werner Boote und Gerhard Pretting auch Antimon, ein toxisches Halbmetall, von dem Spuren in Fleece festgestellt wurden und das aus dem Kunststoff PET (♳ PET) gewonnen wird.

LÖSUNGEN

- Vor dem ersten Tragen **JEDES NEUE KLEIDUNGSSTÜCK WASCHEN,** das synthetische Fasern enthält
- **KLEIDUNG AUS NATURFASERN KAUFEN**

75 MILLIONEN
TONNEN TEXTILFASERN
werden weltweit jedes Jahr produziert.
2/3 DAVON
SIND SYNTHETISCH.

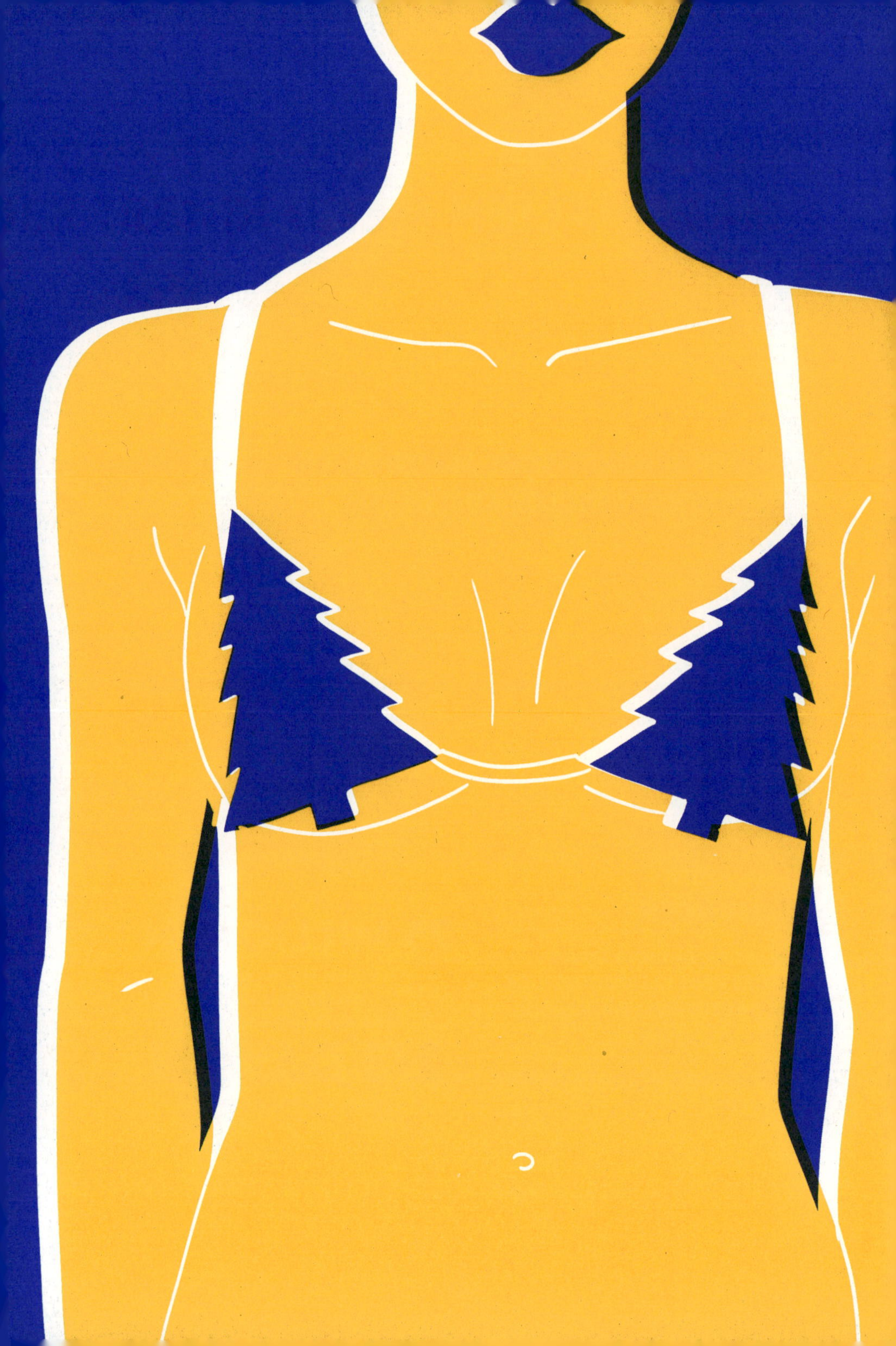

SICH IN NATURFASERN KLEIDEN

DIE TEXTILINDUSTRIE PROMOTET SYNTHETISCHE FASERN.

Kann man Synthetik meiden? Welche natürlichen Materialien stehen zur Verfügung?

LÖSUNGEN

➧ Sie sind gar nicht schwer zu finden:

• **BAUMWOLLE, LEINEN, WOLLE** Man tut sich etwas Gutes mit Angora, Kaschmir, Alpaka oder Mohair – alles Materialien, die sich angenehm tragen und lange halten!)

➧ Und ich habe auch neue Fasern für mich entdeckt:

• **HANF ODER BAMBUS,** der nicht nur für den Magen der Pandas bestimmt ist! (Im Internet findet man Mode aus Hanf zum Beispiel bei Hess Natur, Hanfare oder HempAge.)

• **TENCEL** (oder Lyocell), eine aus Holz gewonnene Faser. Auch große Modeketten wie H&M verkaufen Artikel wie Hosen aus Tencel. Von Do You Green gibt es online sogar Dessous aus Kiefernfaser.

GUT ZU WISSEN

Tausende von Kunststoff-Mikrofasern lösen sich bei jeder Maschinenwäsche aus der Kleidung und verteilen sich im Wasser.

GEWOHNHEITEN ÄNDERN

BEKLEIDUNG AUS NATÜRLICHEN MATERIALIEN IST HÄUFIG TEURER.

Wie kann man sich gesund kleiden, ohne sich finanziell zu ruinieren?

LÖSUNGEN

➧ **SICH IN SECOND-HAND-LÄDEN UND ENTSPRECHENDEN ONLINE-SHOPS UMSEHEN** (Gut, ich persönlich tue mich schwer mit gebrauchter Kleidung, aber man kann es ja einmal probieren!)

➧ **ANFANGEN ZU STRICKEN** (oder zu nähen). Ich habe es mit dem Stricken probiert. Wenn man sich Anleitungshefte mit Anfängermodellen besorgt und mit dicken Bambus-Stricknadeln Nr. 7 oder 8 arbeitet, dann ist das gar nicht schwer und geht ganz schnell! Ich habe mir in weniger als einem Monat einen Schal und einen ärmellosen Pulli gestrickt. Aus dicker, schöner Wolle, umweltverträglich und genau so, wie ich sie haben wollte!

SELBER NÄHEN?

Nähen ist mit einer finanziellen Investition (der Nähmaschine) und mit einem gewissen Zeitaufwand verbunden: Man muss sich schon ein paar Stunden dafür freimachen, um mit einem Modell voranzukommen (während man an einem Strickzeug immer mal wieder 20 Minuten weiterarbeiten kann). Auch ist es trotz all der online verfügbaren Näh-Tutorials doch besser, zuerst einen Nähkurs zu besuchen. Hinterher ist es ein echter Ego-Booster, ein schickes, selbstgenähtes Kleidungsstück zu tragen und genau zu wissen, was man da an Arbeit hineingesteckt hat! Keine Sorge, vor einer guten TV-Serie näht es sich fast von alleine.

ICH TRAUE DEN MARKEN NICHT.

LÖSUNG

➜ ICH VERLASSE MICH AUF GÜTESIEGEL.

- **Oeko-Tex** und **Naturtextil** garantieren einen Stoff, der frei von giftigen Substanzen ist.
- **GOTS: Global Organic Textile Standard** = mindestens 75 % Bio-Material
- **Ecocert:** mindestens 70 % natürliches, recyceltes oder recycelbares Material

Guter Anbieter von Kinderbekleidung aus Oeko-Tex-zertifizierter Baumwolle: zum Beispiel hans-natur.de; für GOTS: band-of-rascals.com

Jeder Deutsche produziert

säckeweise

Textilabfälle pro Jahr.

Nur ein

kleiner Teil

davon wird recycelt.

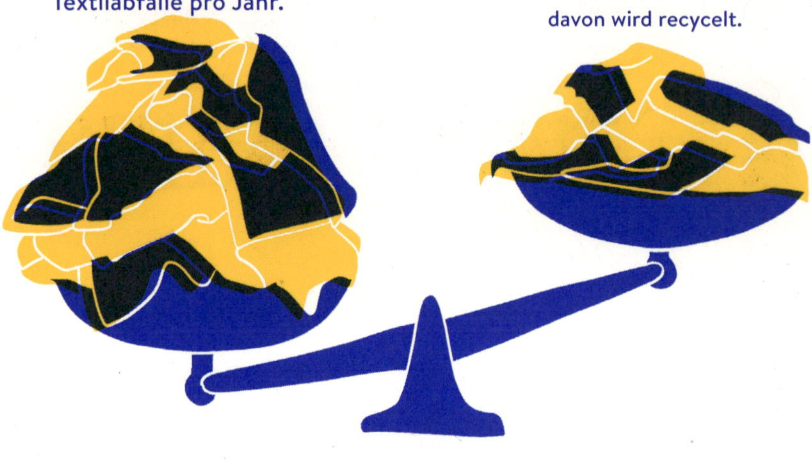

„UPCYCLING" IST DER TREND!

WOHIN MIT DEN ALTKLEIDERN?

Entsorgt man Altkleider mit dem Müll, besteht die Gefahr, die Umwelt zu verschmutzen – vor allem, wenn sie Kunststoffe enthalten.

LÖSUNGEN

➧ **RECYCLING: MAN KANN TEXTILIEN DER WIEDERVERWERTUNG ZUFÜHREN,** indem man sie in einen Kleidercontainer wirft (zum Beispiel vom DRK).

➧ **NOCH BESSER: UPCYCLING!** Den Kleiderschrank nach abgetragenen Sachen durchforsten, aus denen sich noch etwas machen lässt

UPCYCLING, WAS IST DAS?

Unter Upcycling versteht man, Kleidungsstücken und ausgemusterten Materialien durch Umarbeiten neues Leben einzuhauchen – aus einer Hose kann beispielsweise ein kleines Oberteil werden! Immer mehr Designer finden hier ihre Nische und fertigen individuelle, trendige Mode aus alten Stoffen, Bekleidungs-Restposten (milch.tm, hackedby.nl) oder gar recyceltem Müll (ecoalf.com). Interessante Labels, Shops und Netzwerke schießen jetzt auch in Deutschland aus dem Boden, und etablierte Marken führen Upcycling-Kollektionen ein – am besten immer mal wieder im Internet nach Upcycling- oder Recycling-Mode suchen. Wer gerne selbst Dinge ausprobiert, kann sich von den Upcycling-Ideen anderer inspirieren lassen, zum Beispiel bei handemadekultur.de.

FÜR DIE KINDER

KAPITEL 6

Vom Kinderzimmer bis zum Schulranzen kommt es auf Dinge an wie

- **Spielsachen aus Holz, Stoff oder Plastik ohne PVC**
- **Wiederverwendbare Schulsachen**
- **Schürzen aus Baumwolle und Trinkflaschen aus Edelstahl**
- **Ausflüge und Partys, die einfach schöne, gesellige Anlässe sind und nicht in Wegwerfartikel-Schlachten ausarten!**

SPIELZEUG

SPIELZEUG KANN GIFTIG SEIN.

PVC (01 PET) ist ein Kunststoff, der bei der Produktion von Spielzeug verwendet wird. Es enthält Phthalate, unter denen etliche hormonaktive Substanzen zu finden sind. Einige wurden verboten, doch die anderen wurden nicht alle gründlich analysiert. Und bekanntlich nehmen Kleinkinder nun einmal alles in den Mund! Sie können Phthalate aber auch einatmen, zum Beispiel wenn man mit Weichmachern belastete Spielsachen auspackt und aufbläst.

LÖSUNGEN

➔ **JEDES PLASTIKSPIELZEUG VERBANNEN, DAS SEINE FARBE VERÄNDERT** oder im Kontakt mit Speichel oder Wärme weich wird. Und weg mit allem, das nach Chemie riecht!

➔ **KEIN SPIELZEUG KAUFEN, DAS PVC ENTHÄLT**

➔ **SPIELZEUG AUS WEICHPLASTIK AUSLÜFTEN LASSEN**

➔ **SPIELZEUG AUS STOFF ODER HOLZ WÄHLEN.** Aus Stoff gibt es alle möglichen Schmuse- und Plüschtiere, aber auch Bücher. Wichtig: sie sollten aus Naturfasern bestehen, damit das Kind keine synthetischen Fasern auf Erdölbasis verschluckt.

GUT ZU WISSEN

Die Vorschriften für Gegenstände, die für Kinder unter 3 Jahren bestimmt sind, sind recht streng – viele Allergene sind verboten, Inhaltsstoffe müssen genau angegeben werden. Bei Spielzeug für größere Kinder wird das nicht so eng gesehen.

WIR SIND KEINE **HELDEN** ABER FAST

Es ist nicht leicht, Kindern Trendspielzeug auszureden, das ja zumeist aus Plastik besteht. Aber man kann immer versuchen, den letzten Superhelden aus einem Material zu bekommen, dessen Ursprung bekannt ist. Zu diesem Thema ist nestbau.info die Website der Wahl. Die dort bereitgestellten Informationen werden von dem Verband Women in Europe for a common future (WECF) herausgegeben, einer NGO, die 150 Verbände für Frauen- und Umweltfragen vereint. Im Leitfaden zu Spielzeug informiert eine Tabelle über alle gefährlichen Substanzen und bietet Einkaufstipps zu jedem Material (Holz, Stoff oder Plastik).

GUT ZU WISSEN

Surftipps:

allnatura.de

greenstories.de

selecta-spielzeug.de

echtkind.de

nestbau.info

GEHÄUFTES RISIKO IN PUPPEN

Ob sie nun aus synthetischen Fasern, parfümiert oder mit elektronischen Bestandteilen versehen sind – laut nestbau.info treten Schadstoffe in Puppen gehäuft auf: Spuren von Antimon (einem giftigen Halbmetall) in den synthetischen Textilfasern, Phthalate in den Weichplastikteilen, PAK (polyzyklische aromatische Kohlenwasserstoffe), wenn die Puppe parfümiert ist, und vieles mehr.

LÖSUNGEN

- Etwas ganz anderes sind Puppen, die **AUS NATURFASERN HERGESTELLT UND IN NATURFASERN GEKLEIDET SIND.**
- Ganz allgemein gilt: **KEIN SPIELZEUG KAUFEN, DAS „GUT RIECHT"** (dank PAK).

FÜR DIE GANZ KLEINEN IST PLASTIK NOCH GEFÄHRLICHER

Kleinkinder sind gegenüber giftigen Substanzen, die von Kunststoffen abgesondert werden können, besonders anfällig: ihr Immunsystem muss sich erst noch ausbilden, ihre Lungen sind empfindlicher als die von Erwachsenen. Daher muss vermieden werden, dass sie durch Einatmen, Anfassen oder In-den-Mund-Nehmen von Plastikspielzeug in Kontakt mit schädlichen Substanzen kommen – von Farbstoffen über Metalle bis hin zu Lösungsmitteln wird da alles geboten. Insbesondere bei endokrinen Disruptoren bestimmt nicht allein die Dosis ihre Toxizität für den Menschen, sondern auch dessen Alter: Für ein kleines oder gar ungeborenes Kind sind diese Stoffe ungleich schädlicher als für einen Erwachsenen von 40 Jahren.

AUGEN AUF BEIM SPIELZEUGKAUF

Hierauf sollte man achten – auf die Hinweise „ohne PVC", „ohne Weichmacher" und auf diese Logos:

GS geprüfte Sicherheit – Gesetzlich geregeltes Prüfzeichen für Produktsicherheit

OEKO-TEX® – Weltweite Zertifizierung für Textilien

Auch bei Spontankäufen möglichst

AUF GÜTESIEGEL ACHTEN

Denn so niedlich sie auch aussehen – Spielsachen können hochgiftige Substanzen enthalten.

IN DER SCHULE

Schulranzen aus Synthetik, Hefte mit Polypropylen-Einband, Lineale und Geodreiecke aus Plastik: Unmengen von Schulsachen bestehen aus Kunststoff.

**HEFTUMSCHLAG: 1,
UMSCHLAG AUS POLYPROPYLEN: 0**

Ihr kennt diese modernen Hefte mit Plastikeinband. Natürlich sind sie praktisch, weil sie verstärkt sind. Aber: den guten alten Heftumschlag kann ich am Ende des Schuljahrs abnehmen und wiederverwenden. Der PP-Einband hingegen landet dann in der Recyclingtonne – im besten Fall, denn die meisten sind zu faul, den Umschlag abzuschneiden, bevor sie den Rest in den Papiermüll werfen! Wer ordentliche Kinder hat (ja, die soll es geben!), kann auf Heftumschläge auch ganz verzichten.

ROBUSTE UND MODISCHE SCHULRANZEN BESTEHEN AUS FASERN, DIE AUS PLASTIK GEWONNEN WERDEN.

LÖSUNG

➡ TRAGEN, BIS SIE AUSEINANDERFALLEN

Immer wieder verwenden, weitervererben, verschenken, kurz: sie benutzen bis zum bitteren Ende!

WIR SIND KEINE HELDEN ABER FAST

Man kann Rucksäcke, Schulranzen und Federmäppchen auch gebraucht für eine zweite Runde auf dem Flohmarkt kaufen und so den Augenblick hinauszögern, in dem sie zu Müll werden. Aber da meine Teenager dafür partout nicht zu haben waren, habe ich eine Vereinbarung mit ihnen getroffen: Es gibt einen Rucksack und ein Mäppchen in einem Look ihrer Wahl, aber diese werden dann auch so lange benutzt, wie es irgend geht! Sie müssen diese Wahl also für mehrere Jahre treffen, im Idealfall für die GANZE Zeit auf der weiterführenden Schule.

UMWELTFREUNDLICHE ALTERNATIVEN

Eigentlich alle Artikel für den Schulbedarf gibt es auch als umweltfreundliche Variante – in Recycling-Verpackung, nachfüllbar und ohne toxische Inhaltsstoffe. Im Fachhandel und auf Websites wie Memo.de, greenpicks.de und memolife.de findet man eine große Auswahl.

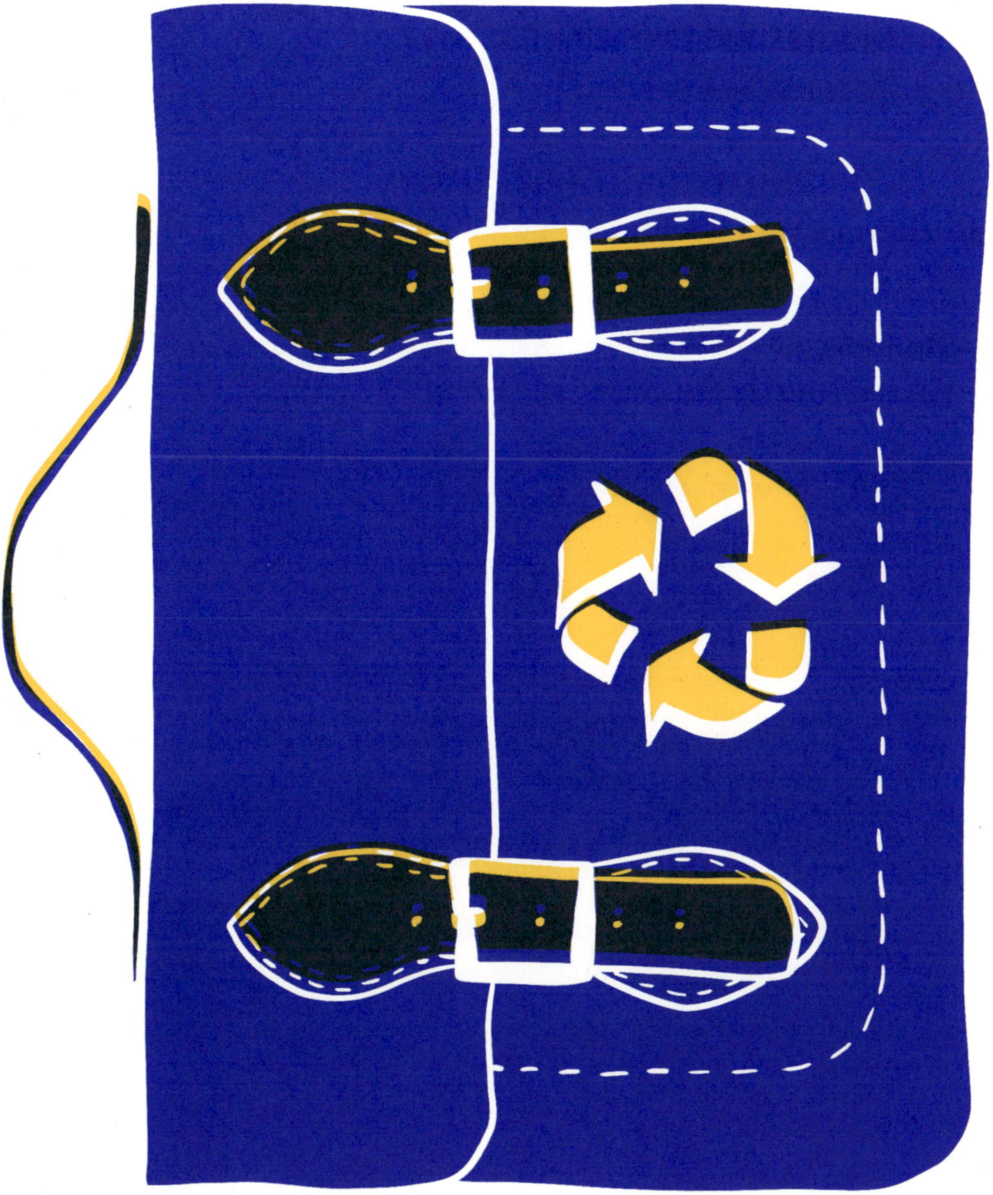

WAS ALSO TUN MIT DIESEM KLEINMATERIAL?

LÖSUNGEN

➧ **SOWEIT WIE MÖGLICH AUF MATERIALIEN WIE HOLZ ODER METALL UMSTEIGEN** (Lineale, Geodreiecke, Winkelmesser, Spitzer, Kompass), die nicht gleich beim ersten Mal zerbrechen, wenn der Schulranzen in die Ecke fliegt.

➧ **ICH HABE FÜLLHALTER BESORGT,** die mit den guten, alten Patronen. Aber meine Kinder haben mir erklärt, dass im Gymnasium niemand mehr mit so etwas schreibt. Daraufhin haben wir uns auf nachfüllbare **VIERFARBKULIS** verlegt. (Ihr Argument: das ist weniger Plastik als bei vier einzelnen Kugelschreibern. Stimmt.)

➧ **NACH NACHFÜLLBAREN ARTIKELN AUSSCHAU HALTEN** wie Korrekturrollern und Nachfüllband, aber auch Textmarkern.

➧ Wer suchet, der findet auch Neuheiten wie **TROCKENTEXT-MARKER AUS HOLZ** (von Staedtler beispielsweise) oder Kulis aus Pappe oder Holz.

➧ Bei Filz- oder Wachsmalstiften und ihren Hüllen, bei Gouache oder Kleber ist es schwierig, Kunststoffe zu vermeiden. Aber es gibt **RECYCELTE ODER RECYCELBARE PRODUKTE** oder solche, die aus natürlichen Materialien hergestellt sind – UHU bietet beispielsweise recycelbare Tuben auf Zuckerrohrbasis an, und die Marke ÖkoNorm Filzstifte, die kompostierbar oder recycelbar sind.

AUF DIESE LOGOS ACHTEN

DER BLAUE ENGEL

Der Blaue Engel schließt eine ganze Reihe von Umweltsünden aus.

65 %

In der Mitte des Möbiusbandes ist angegeben, wie viele % recyceltes Material ein Produkt enthält.

RADIERGUMMIS KÖNNEN PHTHALATE ENTHALTEN.

LÖSUNGEN

- **RADIERGUMMIS MIT DEM HINWEIS „OHNE PVC" KAUFEN.**
- **NOCH BESSER: RADIERGUMMIS AUS KAUTSCHUK,** natürlich oder synthetisch

PLASTIKHÜLLEN, DIESE GRÄSSLICHE ERFINDUNG

Jeden Sommer verbringen meine Kinder und ich eine Stunde vor der Papiertonne, um die Blätter aus jeder einzelnen dieser berüchtigten Plastikhüllen herauszuziehen, auf die man ebenso gut auch hätte verzichten können. Wir werfen die Blätter weg und heben die Hüllen in einem Ordner für das nächste Schuljahr auf. Eine wahre Freude ...

GIBT ES „GRÜNE" SCHULMATERIALIEN?

Findet man beispielsweise noch Ordner und Klarsichthüllen aus anderem Material?

LÖSUNG

➧ **ES GIBT NOCH ORDNER, SCHNELLHEFTER UND TRENNBLÄTTER AUS KARTON, DIE MAN AUCH MEHRFACH VERWENDEN KANN.** Meine beiden Oberschüler heben möglichst viel an Material auf. Wir leeren die Klarsichthüllen, die noch fit für die nächste Runde sind. Aus wenig benutzten Heften reißen wir sogar die beschriebenen Seiten heraus; der Rest dient dann als Schmierpapier.

DIE LEHRERIN VERLANGT EINE WASSERFESTE SCHÜRZE FÜR DEN MALUNTERRICHT.

Ich hatte schon eine ins Auge gefasst, auf der ein Rennauto abgebildet war, als ich merkte, dass sie aus 100 % Polyvinylchlorid bestand – also PVC mit dem ganzen Cocktail flüchtiger Phthalate!

LÖSUNG

➧ **MEIN JÜNGSTER WIRD SEHR STOLZ SEIN, EIN ALTES HEMD VON PAPA ZU TRAGEN.** Und wenn er es nass macht, trocknet es bis zur nächsten Malstunde auch wieder! Ich habe gleich die Lehrerin und die anderen Eltern vor dem Modell aus PVC gewarnt, das im nächsten Supermarkt verkauft wurde. Bloß die Finger von so etwas lassen!

EINZELN KAUFEN

Das ist nötig, sonst steht man da mit einem großen Haufen Klarsichtfolie, in der die 4er- oder 5er-Packs Hefte eingeschweißt sind, die man in großen Geschäften bekommt. In Folie verpackt sind auch Kugelschreiber, Kleber, Radiergummis, Heftumschläge... Also besser ins nächste Schreibwarengeschäft gehen. Mit meinem Einkaufskorb vermeide ich alle Verpackungen, ich kaufe genau die Menge an Heften, die wir brauchen – und die Kinder können sich die Farben aussuchen. Um auf einen ebenso günstigen Preis zu kommen wie im Supermarkt, gibt es eine Lösung: die Sammelbestellung. Sie lässt sich mit den Elternvertretern an der Schule organisieren. So werden die Anforderungen der Lehrer erfüllt und auch die der Eltern, die Wert darauf legen, kein Plastik und giftige Materialien zu kaufen. Der Schreibwarenhändler macht jede Bestellung in einer Papiertüte fertig und gewährt einen saftigen Rabatt!

PICKNICKS, PAUSENBROTE UND AUSFLÜGE

DIE MEISTEN BROTDOSEN SIND AUS PLASTIK.

Und als wäre das noch nicht genug, schnappen sich die Kinder auf dem Weg zum Fußball- oder Leichtathletiktraining gerne eine dieser kleinen Einweg-Wasserflaschen.

LÖSUNGEN

➧ **BEI UNS GIBT ES KEINE FLASCHEN MEHR.** Wie wir bereits gesehen haben, besteht bei Wärmeeinwirkung oder Wiederverwendung von Plastikflaschen die große Gefahr, dass Mikropartikel geschluckt werden. Wir haben uns deswegen Trinkflaschen aus Edelstahl zugelegt. Für jeden eine.

➧ Als Ersatz für die Picknick- oder Pausenbrotdosen **GIBT ES AUCH LUNCHBOXEN AUS EDELSTAHL.**

EIN KINDERGEBURTSTAG GANZ OHNE PLASTIK – WIE SOLL DAS GEHEN?

Guter Punkt, zumal es ja Standard ist, auf einem Kindergeburtstag ein Maximum an Plastik in einem Minimum an Raum und Zeit unterzubringen. Man denke nur an die unvermeidlichen Einwegteller mit Zeichentrickmotiven und die passenden Plastikbecher, an die Strohhalme und die beliebten Verkleidungs-Accessoires, Masken und Spiele (das Entenangeln zum Beispiel)! Ganz zu schweigen von den Geschenken, die die Freunde mitbringen.

LÖSUNGEN

➧ **WIR FANGEN BEI DEN EINLADUNGSKARTEN AN,** die mein Sohn selbst gestaltet.

➧ Für die Dekoration lassen sich **KLEINE FLASCHEN ZU VASEN UMFUNKTIONIEREN ODER WINDLICHTER** aus Joghurtgläsern basteln.

➧ Als Ersatz für das Entenangeln basteln wir **EIN DOSENWERFSPIEL** mit einem großen Karton als Unterlage, einem Stoffball und Konservendosen, die wir mal mehr, mal weniger mit Sand füllen. Man kann es drinnen oder draußen spielen – aber wenn drinnen, dann auf einem Teppich, zum Schutz eurer Ohren!

➧ **EINE SCHATZSUCHE KOMMT AUCH GUT AN:** Die Kinder spielen im Team, und es gibt lauter leckere und begehrte Dinge zum Mitnehmen: eine mit Keksen gefüllte Dose, ein Schraubglas mit Süßigkeiten, Trinkhalm-Löffel – die sind immer ein Highlight! Auch eine Idee: Im Garten oder im Zimmer aus Bettlaken ein Tipi bauen und darin kunststofffreie Sachen zum Verkleiden verstecken!

➧ **KUCHEN ESSEN:** Was braucht man mehr als einen Kuchen, den man tags zuvor mit dem Geburtstagskind gebacken hat und auf Papierservietten reicht, dazu Fruchtsaft in richtigen Gläsern! Man muss sich das Leben doch nicht unnötig schwer machen.

WIR SIND KEINE HELDEN

Man kann den Eltern der Freunde ja schlecht vorschreiben, was sie als Geschenk besorgen sollen, wenn es schon heikel ist, sich kritisch über Plastik zu äußern! Außer natürlich man kennt sich gut. Also lässt man sie machen, wirft jedoch einen kritischen Blick auf die Inhaltsstoffe der Mitbringsel. Nur für den Fall, dass man das eine oder andere unauffällig verschwinden lassen muss …

HAUS UND GARTEN

KAPITEL 7

Bewusst planen:

- Isoliermaterial ohne Kohlenwasserstoff
- Wandfliesen, Parkett, Terrakotta-Bodenfliesen für innen
- Holz für den Außenbereich

BAUEN UND RENOVIEREN: WOHNGESUNDE MATERIALIEN WÄHLEN

WIE KANN MAN SEIN HAUS OHNE KUNSTSTOFF ISOLIEREN?

Formaldehyd, eine sehr flüchtige organische Verbindung, ist krebsverdächtig und in Polyurethan-Isolierschaum enthalten (auch wenn dieser immer weniger verwendet wird, haben wir ihn noch auf dem Speicher, direkt über dem Bett meines Sohnes). Polystyrol kann bei Wärme toxische Gase abgeben.

LÖSUNG

➜ **NATÜRLICHE DÄMMMATERIALIEN WÄHLEN,** zum Beispiel aus Hanf oder Wolle, und sich eingehend über Zusatzstoffe informieren.

GUT ZU WISSEN

Einige Anbieter wie naturpunkt.de haben sich auf wohngesunde Materialien spezialisiert. Die Jahrbuchreihe „Ökologisch Bauen & Renovieren" des BUND wie auch die Website eggbi.eu bieten Orientierung.

WIE LASSEN SICH BÖDEN UND FENSTER AUS PVC VERMEIDEN?

Dieser Kunststoff ist preiswert, enthält jedoch Phthalate.

LÖSUNGEN

- Nach Möglichkeit **BODENBELÄGE WIE ECHTES PARKETT ODER FLIESEN VERLEGEN.** Teppichböden können aus Kunststoff gewonnene Stoffe enthalten.
- **FENSTERRAHMEN AUS ALUMINIUM ODER HOLZ WÄHLEN**
- **HAUS/WOHNUNG TÄGLICH LÜFTEN** und regelmäßig staubsaugen

Unwort: „Ausdünsten". Man verwendet es, um die Emission flüchtiger Bestandteile in die Luft zu beschreiben, die mehr oder weniger kontinuierlich in den Wochen, Monaten und Jahren nach dem Verlegen oder Einbau erfolgt.

WAS SIND VOC?

Die „flüchtigen organischen Verbindungen" (VOC, volatile organic compounds) sind Moleküle, die von bestimmten Einrichtungsmaterialien, aber auch von Möbeln, Dekorationsgegenständen oder Raum-Deos freigesetzt werden. Sie schlagen sich auf Staub nieder und wir atmen sie ein. Sie lösen nicht nur Reizungen, sondern auch bleibende Allergien aus und sind oft krebserregend. Bei den Kunststoffen stecken VOC im PVC (Polyvinylchlorid): die berüchtigten Phthalate, von denen einige nachweislich endokrine Disruptoren sind. PVC findet sich in Fenstern mit Doppelverglasung, aber auch in den Elektrokabeln von Fernseher, PC und Spielekonsole.

GESTALTEN, OHNE SICH ZU VERGIFTEN

DIE MEISTEN FARBEN ENTHALTEN GESUNDHEITSSCHÄDIGENDE SUBSTANZEN.

Selbst in Wasserfarben, die als geruchslos und als generell weniger schädlich gelten, kommen sie vor.

HALBE LÖSUNGEN

➜ Es ist kompliziert. Zwar gibt es **ÖKOSIEGEL WIE DEN BLAUEN ENGEL** und das EU-Ecolabel, die bescheinigen, dass in einem Produkt zum Beispiel nur geringe Mengen von Weichmachern enthalten sind. Doch Allergien auslösende Konservierungsstoffe wurden noch lange durchgewunken!

➜ **WIRKLICH SICHER SIND NUR FARBEN, DIE MAN AUS WASSER UND NATÜRLICHEN PULVERN AUS KREIDE, TON ODER KALK SELBST ANRÜHRT.** Sie enthalten weder synthetische Weichmacher noch Konservierungsstoffe auf Erdölbasis.

VORSICHT AUCH BEI DER EINRICHTUNG

STOFFE ENTHALTEN FLAMMSCHUTZMITTEL.

Sofas, Teppichböden, Vorhänge und weitere Textilien werden häufig mit Brandhemmern behandelt, um feuerbeständiger zu sein. Die „bromierten" Flammschutzmittel werden den POP (persistente organische Schadstoffe) zugeordnet. Man sollte sie meiden, aber auf den Etiketten wird die Zusammensetzung in der Regel nicht angegeben. Wie kommt man da aus der Klemme?

HALBE LÖSUNGEN

➡ **WIR HABEN UNS FÜR EINE LEDERCOUCH ENTSCHIEDEN** (ohne sicher sein zu können, dass das Leder unbehandelt ist). Auch **RATTAN** geht. Noch besser: Ich habe einen alten Clubsessel meines Großvaters überholt, der mit **STROH** und **WOLLE** gefüllt ist.

➡ Auch bei Vorhängen und Teppichen weiß man kaum, was man da kauft. **ICH HABE WEICHE TEXTILIEN GEWÄHLT** (ohne Knitterfrei-Ausrüstung), aus natürlichen Materialien und waschbar.

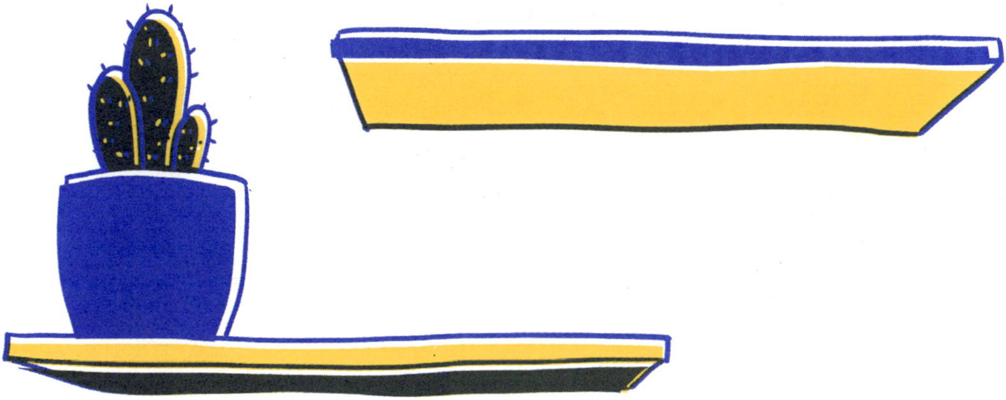

SPANPLATTEN ENTHALTEN KLEBSTOFFE, DIE SCHÄDLICH SEIN KÖNNEN.

Regale und Aufbewahrungsmöbel aus Sperrholz werden mit Klebstoffen hergestellt, von denen einige Formaldehyd enthalten – eine Verbindung, die Reizungen und sogar Allergien auslösen kann.

SOLUTION

➡ Möbel aus **VOLLHOLZ** oder **METALL**

REINE KUNSTSTOFF-DEKO LÄSST SICH NICHT RECYCELN.

Viele Deko-Objekte wie Lampenfüße, Bilderrahmen und Nippes sind aus Kunststoff.

Auch wenn nicht alle toxische Stoffe ausdünsten, ist doch ihr ökologischer Fußabdruck negativ: Wird man ihrer überdrüssig oder gehen sie kaputt, füllen sie die Mülldeponien oder belasten die Müllverbrennungsanlagen, denn sie sind nicht recyclingfähig.

LÖSUNGEN

➧ **ICH SETZE AUF SELBSTGEMACHTE DEKO:** Bilder, die vom Nachwuchs gemalt wurden und in großen Glasrahmen stecken, sehen nicht nur schön aus – die Kinder fühlen sich wertgeschätzt!

➧ **ICH KAUFE BLUMENTÖPFE, UNTERSETZER, LAMPEN ODER VASEN AUS SCHIEFER, KERAMIK, GLAS ODER TERRAKOTTA.** Es ist erstaunlich zu sehen, dass diese biologisch abbaubaren, pflanzlichen oder mineralischen Materialien einen Raum viel wohnlicher machen als synthetische Materialien.

➧ Einrichtungsmagazine bieten immer wieder einfache **UPCYCLING-**Anleitungen, also wie man aus Materialien, die entsorgt werden sollen, noch etwas Schönes machen kann. Beispiel Kupferrohre: wird daraus ein Kleiderständer? Ein Fotorahmen?

➧ Auch **AUF DEM TRÖDELMARKT** findet man Dekorationsgegenstände, die bereits eine Geschichte und sehr viel mehr Charme haben als die aus moderner Massenfertigung – eine alte Schulbank zum Beispiel oder ein schmiedeeisernes Babybett.

ÖKOLOGISCH UND REGIONAL

Holz, Kupfer, Kork, Bambus: zahlreiche Designer bieten originelle Möbel aus Naturmaterialien „made in Germany“ an. Die Möbelschmiede bio-moebel.de mit Sitz in Badenweiler bietet Möbel, Naturmatratzen und Waldorf-Spielmöbel aus Massivholz an. In Spenge findet sich die Naturmöbel-Manufaktur. Grueneerde.com hat ein großes Sortiment an Möbeln, aber auch viel Deko und Accessoires.

IM GARTEN

SITZGARNITUREN SIND HÄUFIG AUS KUNSTSTOFF, VOR ALLEM AUS PVC.

Das schändliche Material thront inmitten unserer grünen Oase!

LÖSUNGEN

➧ Für alle, die noch keine Fans von Trödelmärkten sind, sind Gartenmöbel der ideale Einstieg! **TISCH UND STÜHLE AUS SCHMIEDEEISEN** sehen auf jeden Fall besser aus als eine Garnitur aus weißem Kunststoff. Und eine alte Eisengießkanne macht sich neben dem Blumenbeet viel hübscher als ihr Pendant aus grünem Kunststoff.

➧ Online finden sich zahlreiche Tipps und Tutorials zum **SELBERBAUEN VON GARTENMÖBELN AUS PALETTEN UND KISTEN.** Wenn sie gut gemacht sind, sehen sie wirklich toll und gemütlich aus (Kissen sind zu empfehlen)!

➧ Bei Spielgeräten für Kinder darauf achten, dass die **RAHMEN AUS HOLZ** (nach Möglichkeit regionaler Herkunft) und Spielhäuschen aus Stoff sind. Oder gleich ein altes Bettlaken über 5 zum Tipi-Gerüst aufgestellte Äste werfen – die Kinder werden begeistert sein!

WIE LASSEN SICH GARTENWERKZEUGE UND DER GARTENSCHLAUCH ERSETZEN?

Kunststoffwerkzeugen gibt es zwar auch ohne Kohlenwasserstoffe, doch sie sind schwer zu bekommen. Stattdessen kann man Werkzeuge aus Metall verwenden.

LÖSUNGEN

➧ **DEN BERÜHMTEN GARTENSCHLAUCH GIBT ES TATSÄCHLICH AUCH AUS PVC OHNE WEICHMACHER** und Schwermetalle, unter anderem von Gardena.

➧ Was die anderen elektrisch betriebenen Werkzeuge in Plastikgehäuse betrifft (Rasenmäher, Heckenschere und so weiter), **LÄSST SICH DER KUNSTSTOFFVERBRAUCH AM BESTEN SENKEN, INDEM MAN SIE SICH TEILT.** Sie zu mehreren anzuschaffen ist auch deshalb klug, weil sie nur so selten verwendet werden! Beispiel: Die Heckenschere, die ich zusammen mit meinem Nachbarn gekauft habe, kommt bei ihm dreimal pro Jahr zum Einsatz; bei mir sogar nur einmal.

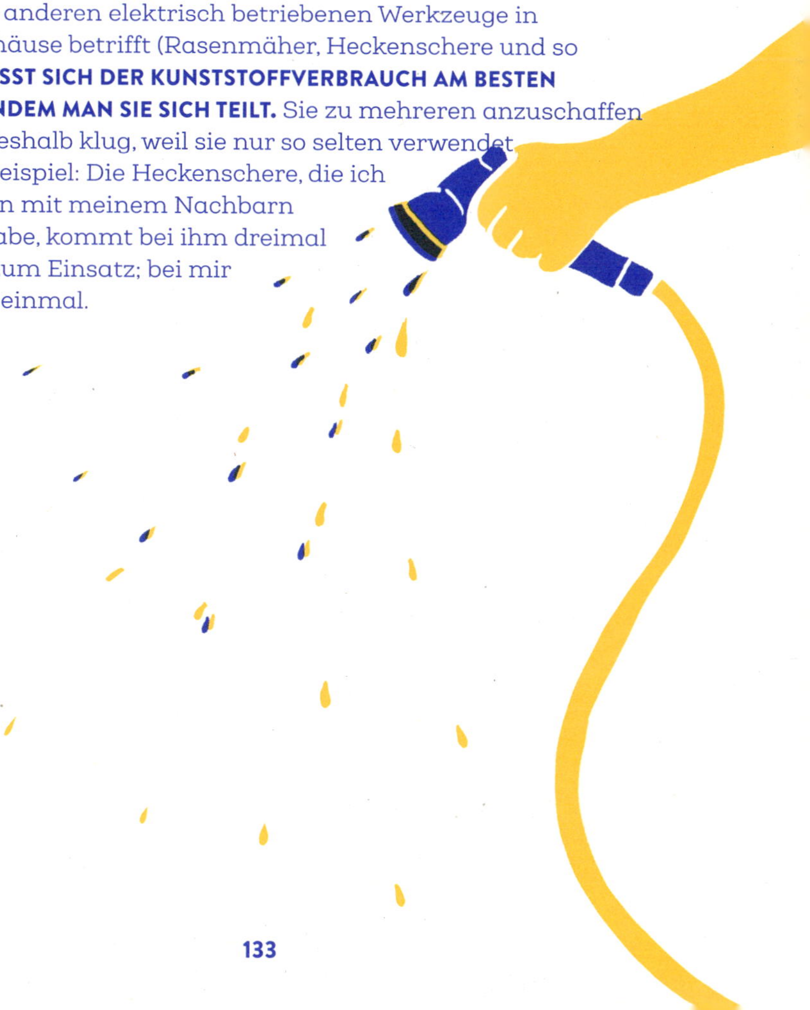

IM BÜRO

KAPITEL 8

Die gute Nachricht: Viele der Zustände, auf die man im Büro trifft, hat man zu Hause längst im Griff – in der Küche, im Wohnzimmer und beim Decken des Schreibwarenbedarfs zu Beginn des neuen Schuljahrs!

Was man braucht:

- Kaffeemaschine aus Edelstahl
- Wasserspender mit Festwasseranschluss
- Tassen anstelle von Einwegbechern
- Recycelbare Schreibwaren

MÖGLICHST KEINE GERÄTE UND GALLONEN!

Im Büro kann natürlich kein Angestellter so einfach Entscheidungen für die ganze Firma fällen, wie er das zu Hause tut. Man kann jedoch etwas bewegen, indem man sich an den Personalvertreter wendet oder bei sich selbst anfängt, indem man beispielsweise die eigene Tasse mitbringt, statt jedes Mal einen neuen Einwegbecher zu verbrauchen.

WASSERSPENDER UND GALLONEN AUS KUNSTSTOFF SIND EIN NO-GO!

LÖSUNG

➜ **EINEN WASSERSPENDER MIT FESTWASSERANSCHLUSS VORSCHLAGEN.** Es gibt sie für stilles und kohlensäurehaltiges Wasser, als Minibar oder auf einem Sockel, für kaltes Wasser und Wasser mit Raumtemperatur. Was will man mehr?

CHEFETAGE UND BETRIEBSRAT INS BOOT HOLEN

Wer in einer Suchmaschine „zero waste büro“ eingibt, erhält unzählige Anregungen von Bloggern, Instituten und Zukunftsforschern. Am besten bildet man einen Arbeitskreis mit Vertretern aus allen Unternehmensbereichen, macht eine Bestandsaufnahme und sucht nach neuen Wegen – mit denen sich im Übrigen oft auch Geld sparen lässt!

KAFFEEMASCHINEN SIND DIE REINSTEN KUNSTSTOFFGRÄBER!

PROBLEM PLASTIKBECHER: 320.000 Stück pro Stunde

LÖSUNGEN

- **ES GIBT ESPRESSO-MASCHINEN AUS EDELSTAHL UND ALUMINIUM,** die so funktionieren wie manuelle Kaffeebereiter – ohne Kapseln oder Pads (z.B. Rok Espresso).
- **EIN KAFFEEBEREITER MIT PRESSFILTER** (wie den von Bodum) oder ein italienisches Espressokännchen sind eine Option, wenn im Büro Kochplatten zur Verfügung stehen. Damit wird natürlich meistens gleich Kaffee für mehrere Personen zubereitet.
- Für Teams ab 50 Personen **GIBT ES KAFFEEMASCHINEN AUS 100 % STAHL UND EDELSTAHL** wie die von GGMastro.

GUT ZU WISSEN
Intelligente Geräte: Manche Kaffeeautomaten erkennen Keramiktassen und lassen den Kaffee dann ohne Plastikbecher heraus – mit Rabatt!

3 MILLIARDEN EINWEG-PLASTIKBECHER

PRO JAHR LANDEN IN DEUTSCHLAND IM MÜLL. Mit der Energie, die für ihre Produktion benötigt wird, könnte man eine Kleinstadt versorgen. Die Deutsche Umwelthilfe klärt mit der Kampagne mehrweg-mach-mit.de auch Unternehmen gezielt über Klimafreundlichkeit bei Verpackungen auf und bietet deutschlandweit Workshops an.

AUF PLASTIKBECHER UNBEDINGT VERZICHTEN

PLASTIKBECHER SIND EINE KATASTROPHE FÜR DIE UMWELT!

PLASTIKBECHER LANDEN IM BÜRO

OFT IM PAPIERKORB

Viele Arbeitnehmer würden Plastikbecher und -flaschen ja gerne korrekt entsorgen. Dazu müssen die Firmen aber auch Vorrichtungen zur Mülltrennung bereithalten!

LÖSUNGEN

- Auch von **PLASTIKBECHERN MIT DER KENNZEICHNUNG „RECYCELBAR" ODER „WIEDERVERWENDBAR"** sollte man die Finger lassen, denn eines Tages landen auch sie auf dem Müll.

- **EINFACH WIEDER GLÄSER UND KERAMIKBECHER NEHMEN.** Vielleicht stellt die Firma Tassen mit Werbeaufdruck zur Verfügung?

BÜROAUSSTATTUNG: NEUE MATERIALIEN UND NACHFÜLLBARE PRODUKTE

KUNSTSTOFFMÖBEL SIND HEUTE EIN NO-GO!

LÖSUNG

➜ **MÖBEL AUS HOLZ ODER PAPPE** sind schick und preiswert! Auf der Website pappmoebelshop.de gibt es stabile Kartonagemöbel unter 100 Euro; der fast gleichnamige pappmoebel-shop.de führt sogar Einrichtungselemente für den Messestand.

DINGE EINMAL BENUTZEN UND WEGWERFEN, AUCH!

LÖSUNG

➜ **NACHFÜLLBARE KUGELSCHREIBER UND TEXTMARKER** sind leicht zu bekommen (siehe Schulbedarf)!

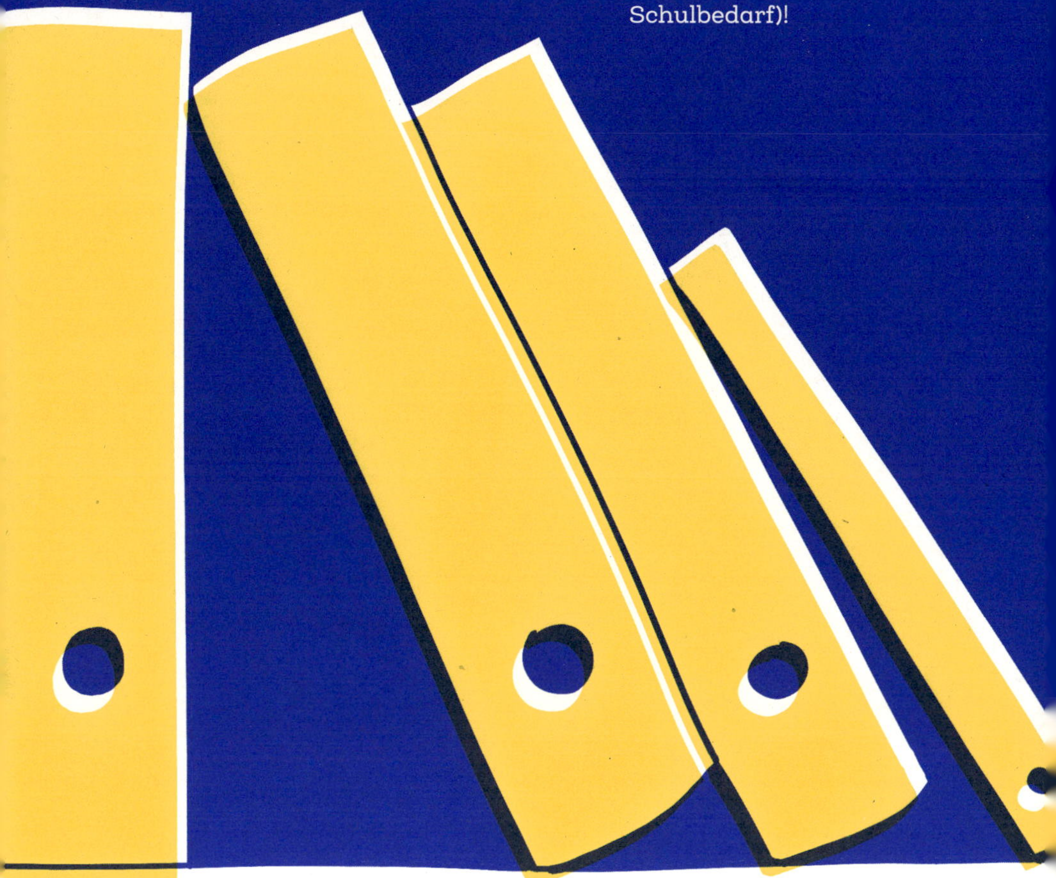

NOCH EINEN SCHRITT WEITER GEHEN

TEIL 3

ZWEI MONATE SPÄTER …

KAPITEL 1

Ich öffne die Küchenschränke. Dieser Moment, dort lauter Schraubgläser, Dosen und Kartons mit naturbelassenen und gesunden Produkten zu sehen … und höchstens 1 oder 2 Fertigprodukte!

BILANZ NACH 8 WOCHEN

VORHER …

JEDE WOCHE:
- 3 x 8 Natur- und Fruchtjoghurts + verschiedene Sahnedesserts und Frischkäse-Zubereitungen
- rund 15 Kekspackungen
- 5–6 Beutel Milchbrötchen für das schnelle Frühstück; in den Ferien Fertigmüsli
- 2–3 Flaschen Fruchtsaft
- 2 6er-Packs Wasserflaschen
- 2 Rollen Mürbeteig + Speckwürfel in der Plastikschale

… JETZT

Für 7 Tage:

➡ **WIR BACKEN 2 QUICHES ODER PIZZAS** mit einem selbstgemachten Teig und Schinken oder Bauchspeck vom Metzger.
➡ **7 NATUR- UND FRUCHTJOGHURTS KAUFEN WIR** und ebenso viele stellen wir selbst her. Schluss mit den Sahnedesserts!
➡ **WIR BEREITEN CRÊPES- ODER WAFFELTEIG SELBST ZU** und backen mindestens 2 Kuchen. Es werden maximal 3–4 Kekspackungen gekauft.
➡ **WIR ESSEN JETZT TOASTBROT, ZWIEBACK ODER FRISCHES BROT** zum Frühstück.
➡ **WIR HABEN UNS ANGEWÖHNT, SAFT FRISCH ZU PRESSEN.**
➡ **WIR TRINKEN LEITUNGSWASSER.**

Außer solchen kleinen Siegen gibt es aber auch weniger lustige Phasen, in denen meine Disziplin merklich nachlässt …

MOMENTE DES ZWEIFELNS

Sich jeden Tag der Plastikflut zu erwehren, ist nicht leicht. Um sich von Kunststoffen zu verabschieden, muss man jederzeit auf der Hut sein – etwa so, wie wenn man ein Kleinkind davon abhalten will, sich alles in den Mund zu stopfen!

➜ **ES GIBT TAGE, AN DENEN ICH MEINE PAPIERTÜTEN VERGESSE, WENN ICH IN DEN SUPERMARKT GEHE.** An anderen vergesse ich absichtlich die Dosen weil der neue Metzger beim letzten Einkauf so komisch geguckt hat. Ich habe nicht immer Lust auf Diskussionen!

➜ Man muss immer wachsam bleiben: **DIE EINKÄUFE WERDEN SYSTEMATISCH IN TÜTEN GEPACKT.** Da darf man den richtigen Moment zum „nein danke" sagen nicht verpassen!

➜ Und dann **IST DA NOCH MEIN ÄLTESTER SOHN, DER HEIMLICH WIEDER NORMALE ZAHNPASTA GEKAUFT HAT,** wo ich doch geglaubt hatte, die ganze Familie mit meinem Bicarbonat-Pulver überzeugt zu haben.

UND MOMENTE, AN DIE MAN SICH MIT EINEM LÄCHELN ERINNERT …

Ja, es gibt auch gute Momente: Wenn die Kinder mir mit den Dosen oder Papiertüten hinterherlaufen, die ich in der Küche liegen lassen habe.

Oder der erste Besuch mit meinem Teenager und meinem Jüngsten in dem Lose-Ware-Laden. Der Kleine wollte das Schraubglas mit Rosinen füllen (und hat sie dabei natürlich überall verstreut), während ich versuchte, Tafelessig in einen 5-Liter-Kanister zu füllen, den ich unter Einsatz all meiner Kraft hochhielt. Natürlich ließ mich meine Kraft im Stich, und mein Großer hatte den Essig im Haar. Daraufhin haben wir uns lieber einen anderen Lose-Ware-Laden gesucht. Beim ersten konnte man ohnehin nur weiter weg parken, und die Schraubgläser und Kanister waren zu schwer, um sie zum Auto zu schleppen.

... UND SOLCHE, DIE LUST MACHEN, NOCH EINEN SCHRITT WEITER ZU GEHEN

Und dann lese ich eines Tages einen Artikel über *Plastic Attacks*, an denen einzig der Name aggressiv ist. Es handelt sich um eine Bewegung, die über soziale Medien zu Flashmobs in Supermärkten aufruft. Einkäufe werden schon an Ort und Stelle auspackt und demonstrativ in mitgebrachte Behältnisse umfüllt. Mit diesen Aktionen will man Flagge zeigen und Handel und Industrie dazu bringen, die Verantwortung für ihre Verpackungen zu übernehmen – dafür werden sie nach dem Bezahlen ordentlich in Kisten oder Einkaufswagen gesammelt und im Supermarkt zurückgelassen.

Ich hatte große Lust, das einmal auszuprobieren!

ICH ORGANISIERE EINE PLASTIC ATTACK!

KAPITEL 2

Ich sprach mit meinen beiden Freundinnen Anne-Laure und Isabelle über die Idee, eine Protestaktion gegen Verpackungsmüll zu veranstalten. Sie waren sofort dabei. Wir schnappten uns Kalender, Plakate und unsere nachfüllbaren Leuchtstifte, und schon ging es los!

Viel mehr ist es nicht.

EINE PLASTIC ATTACK ORGANISIEREN

➜ **1/ DIE GESCHÄFTSLEITUNG DES SUPERMARKTES KONTAKTIEREN** (das ist besser so) und ihr erklären, dass man mit einem Event für die verheerenden Folgen der vielen Umverpackungen sensibilisieren möchte. Ihrerseits ist nichts zu tun: Wir kommen mit 2 Infotafeln (Fotos, Zahlen, die aufrütteln und knackige Slogans wie „Die Gurke braucht nur eine Schale!"). Wir leihen uns 2 Einkaufswagen aus, um die Verpackungen zu sammeln und postieren uns dazu am Ausgang. Der Geschäftsführer des Intermarché, bei dem ich angefragt hatte, sagte spontan ja und ließ mich wissen, das Unternehmen sei dieser Problematik gegenüber sehr aufgeschlossen. Und wir konnten zur Abwechslung einmal einen Ort auf dem Land zu den Plastic-Attack-Aufrufen hinzufügen und eine Supermarktkette, in der bisher noch kein Protest stattgefunden hatte.

➜ **2/ EINEN ZEITPUNKT MIT HOHEM KUNDENAUFKOMMEN WÄHLEN**

➜ **3/ EINIGE TAGE VORHER AUF DER PLASTIC-ATTACK-SEITE BEI FACEBOOK AUF „NEUE VERANSTALTUNG ERSTELLEN" KLICKEN** und Ort und Zeit angeben. Dann werden Leute aus der Gegend, die sich für diese Problematik interessieren, zum Einkaufen kommen und eure beiden Einkaufswagen mit Verpackungen füllen. Auf unseren Aufruf haben nur wenige reagiert – unser Ort hat nicht einmal 5000 Einwohner. Aber 3 oder 4 Bekannte sind eigens dafür gekommen.

AM TAG X

Meine beiden Freundinnen und ich haben daher eher für das Problem sensibilisiert. Wir haben die Kunden zwischen Kasse und Ausgang angesprochen und sie gebeten, ihre Einkäufe mit uns auszupacken. **Kaum zu glauben, welche Bandbreite an Reaktionen wir bekommen haben!**

DIE UNORGANISIERTEN

Sie sind die Sklaven der Verpackungen. Während niemand unserem Vorhaben feindlich gegenüberstand, waren wir geschockt zu sehen, wie viele Kunden ohne Beutel oder Korb einkaufen gehen! Vom Regal in den Wagen, aufs Kassenband, zurück in den Wagen und in den Kofferraum fassen sie jeden einzelnen Artikel 4 Mal an. Umverpackungen, die Artikel bündeln, und die Plastiktüten an der Kasse ersparen ihnen da ein paar Handgriffe. „Die sind doch praktisch“, fanden sie. Bis wir ihnen einen heißen Tipp gaben: doch einfach selbst Taschen mitzubringen!

DIE GLEICHGÜLTIGEN

Die, die keine Zeit haben. Für kein Anliegen, für keinen Kampf ... diese Menschen sind niemals ansprechbar. Sie wollen sich nicht einmal ansatzweise mit etwas auseinandersetzen – kein Interesse.

DIE FREUNDLICHEN

Menschen, die völlig daneben liegen, dabei aber nett sind. Wie dieser charmante Herr, der uns zwei Packungen Couscous reichen wollte. Äh ... danke, aber wir sind nicht von der Tafel! Und dann der Leiter des Supermarkts, der doch angeblich so aufgeschlossen war. Er hielt uns eine seltsame Rede. Ihm zufolge sind Verpackungen unvermeidlich („sonst gehen die Joghurts ja kaputt"). Aber es muss ja auch nicht ALLES Verpackungsmaterial wegfallen – es gibt schließlich auch Joghurts in Pappbechern!

DIE BEREITS BEKEHRTEN

Wie diese alte Dame, die mir zuflüsterte: „Wenn ich im Urlaub bin, stecke ich denen ihre Verpackungen immer in die Tonne!" Andere machten ihrem Ärger Luft, dass mit dem Finger auf sie gezeigt wird. „Es muss ein Ende haben, dass immer die Verbraucher daran schuld sein sollen, dass es zuviel Plastik gibt.“ Wie wahr! Die „bereits Bekehrten" vergessen niemals ihre Papiertüten oder

Jutebeutel. Sie kennen alternative Konsumstrategien und Adressen für lose Ware. Sie haben sich umgesehen und Lösungen gefunden – das ist herzerfrischend.

DIE MUSTERSCHÜLER

Auch sie konnten wir wachrütteln: Kunden, die uns stolz versicherten, „kein Problem, alles gut, ich trenne meinen Müll sehr genau!" Nein, nicht alles gut. Recycling allein reicht nicht!

DIE VERSCHWÖRUNGSTHEORETIKER

Na gut, davon hatten wir nur einen. Er verriet uns, dass er in der Kunststoffindustrie arbeitet. „Die stecken alle unter einer Decke", raunte er uns zu. – Nicht Ihr Ernst!

WIR MÜSSEN „VOR ALLEM DIE KINDER" SENSIBILISIEREN ...

So sprach der der Chef des Supermarktes. Was für ein Blödsinn! Rachel, 10 Jahre alt und die Tochter meiner Freundin Isabelle, hat uns begeistert geholfen und extra ein tolles Plakat gemalt. Trotz ihrer Jugend hat sie alles verstanden – wie mein Sohn Arthur, 11. Kindern muss man nicht zehnmal die einfachsten Dinge erklären. Man nennt ihnen drei Fakten zu Plastik, Umwelt und Gesundheit, und schon trinken sie Limonade nur noch aus der Glasflasche und sagen allen, dass sie sich für die Ausweitung des Flaschenpfands einsetzen müssen. Es sind Industrie und Handel, die man in die Pflicht nehmen muss! Und die Lobbys, die in ihre Schranken verwiesen werden müssen.

Fazit: Während unserer zweistündigen Plastic Attack haben wir gesehen, wie **unterschiedlich ausgeprägt das Problembewusstsein bei unseren Zeitgenossen ist!**

SCHLUSSWORTE

ISABELLE

„Ich bin sehr froh, dabei gewesen zu sein. Ich glaube, dass wir bei einigen wirklich etwas bewegt haben, indem wir Umverpackungen bemängelt und neue Wege aufgezeigt haben. Mit solchen Aktionen bringt man die Leute zum Nachdenken, ob sie nun zunächst dafür waren oder dagegen. Und so haben wir bestimmt den ein oder anderen zum Umdenken gebracht!"

ANNE-LAURE

„Eine Plastic Attack zu organisieren bedeutet auch, sich damit auseinanderzusetzen, wie unterschiedlich stark das Umweltbewusstsein beim Einzelnen ausgeprägt sein kann. Am meisten hat mich verblüfft, wie viele Leute, denen wir begegnet sind, uns von ihrer Mülltrennung erzählten und ihr eigenes Gewissen damit beruhigen wollten, wie beispielhaft sie sich in dieser Hinsicht verhalten.

Es ist unglaublich zu sehen, wie die Lobbys der Industrie ganze Arbeit leisten und die Verantwortung für den massiven Einsatz von Kunststoffen dem einzelnen Verbraucher zuschieben. Wir müssen also weiter Flagge zeigen, müssen weiter dafür sensibilisieren, dass man auch bewusst einkaufen kann – zum Beispiel lose, unverpackte Waren, bei kleinen Händlern und direkt beim Erzeuger. Denn wenn wir verantwortungsvolle Verbraucher sein wollen, darf unser Engagement für die Umwelt nicht an der Mülltrennung haltmachen!"

WEITER-FÜHRENDE IDEEN

KAPITEL 3

Die meisten Tipps, wie man den Kunststoffverbrauch senken kann, richten sich an den Einzelnen. Zum Glück kann man einiges auch zu mehreren tun.

GEMEINSAM NUTZEN

In meiner Straße kommen auf etwa 15 Häuser bestimmt 6 oder 7 Heckenscheren und liegen die meiste Zeit ungenutzt in der Garage herum. Jeder hat an die 100 Euro dafür berappt und holt dieses teure Werkzeug dann doch nur ein- oder zweimal pro Jahr heraus. Ist das schlau?

Wir haben uns mit netten Nachbarn **abgesprochen und schaffen einige Dinge jetzt gemeinschaftlich an – so dämmen wir die Flut an Geräten mit Plastikgehäuse (Rasentrimmer, Rasenmäher und ähnliches mehr) schon wieder ein wenig ein.** Kosten und Nutzung geteilt durch zwei. Und je mehr sich zusammentun, desto besser!

AUSLEIHEN

Manche Anschaffungen kann man auch ganz vermeiden, indem man sich einem lokalen Tauschring anschließt. Bei diesen Nachbarschaftshilfe-Initiativen stellt man anderen Dinge zur Verfügung, die man hat oder die man kann. Oft wird dies über Zeitkonten geregelt. Wer sich ein Werkzeug ausleiht oder eine Dienstleistung in Anspruch nimmt – zum Beispiel seinen Garten von Gestrüpp befreien oder seinen Fernseher von jemandem reparieren lässt –, dessen Zeitkonto schrumpft je nach Aufwand oder Wert. Wird umgekehrt genutzt, was man selbst anbietet, wächst das Zeitguthaben entsprechend. Das eigene Angebot muss sich nicht an die Person richten, von der man selbst etwas in Anspruch nimmt. So kann man zum Beispiel jemand anderem dabei helfen, einen Antrag auszufüllen, ihn zum Einkaufen mitnehmen oder ihm Pflaumen aus dem eigenen Garten überlassen.

REPARIEREN

Umdenken heißt auch, **nicht mehr sofort alles wegzuwerfen, wenn es nicht mehr funktioniert, sondern es zu reparieren** oder in etwas anderes umzuwandeln. „Repair Cafés" gibt es inzwischen in vielen Städten. In solchen Cafés kommen Menschen mit vielen Talenten zusammen: Schneider, Elektriker, Fahrradmechaniker und geschickte Hacker.

MITMACHEN UND AKTIV WERDEN

Es gibt viele Initiativen, bei denen man sich mit Gleichgesinnten engagieren kann. Und es gibt immer mehr Angebote, um aktiven Umweltschutz in seinen Alltag zu integrieren. Ich nenne hier nur drei:

➧ Die **ZERO-WASTE-INITIATIVE** mit ihren weltweiten Aktionen gegen Müll. Ein zentrales Zero-Waste-Netzwerk Germany befindet sich derzeit im Aufbau; erste lokale Gruppen entstehen, in denen man aktiv werden kann.

➧ Die **KAMPAGNE REPLACEPLASTIC** des Vereins Küste gegen Plastik führt Industrie und Handel vor Augen, dass der Verbraucher all diese Kunststoffverpackungen gar nicht will. Mit der ReplacePlastic-App scannt man den Barcode eines Produkts, für das man sich eine umweltfreundlichere Verpackung wünscht, und teilt dem Anbieter dies mit.

➧ **MEHRWEG TO GO:** Auch vom Coffee-To-Go-Systemanbieter Recup gibt es eine App. In knapp 2000 Cafés, Tendenz steigend, kann man sein Getränk bereits im Recup-Mehrwegbecher bekommen und zahlt obendrein noch weniger; die App findet schnell die nächstgelegene Adresse. In vielen Städten laufen unabhängige Aktionen oder sind in Planung. Kleine Schritte mit großer Wirkung!

DER SUPERMARKT ALS KOOPERATIVE: GEMEINSCHAFTLICH UND MITBESTIMMT WIRTSCHAFTEN

In Deutschland sind sie erst im Kommen, in Frankreich schon recht verbreitet: Genossenschaftliche Tante-Emma-Läden und Supermärkte gibt es dort bereits in einigen Ballungsgebieten. Vorrangiges Ziel ist, regionale Waren in Bioqualität anzubieten und dabei neue Wege zu beschreiten. Als Mitglied kann man aber auch ganz andere Neuerungsvorschläge einbringen, so zum Beispiel die Reduzierung von Kunststoffverpackungen.

Meine Schwägerin Marie ist Mitglied eines Supermarkts in Bordeaux, Supercoop. Es gibt ihn seit 3 Jahren; heute zählt er 600 Mitglieder. Jeder zahlt 110 Euro pro Jahr. Damit ist er berechtigt, dort einzukaufen, muss aber auch 3 Stunden pro Monat mitarbeiten: am Empfang oder an der Kasse, beim Einräumen der Regale, Zusammenkehren, Kontrollieren der Lieferungen, Aufschneiden und Vakuumieren von Käse, Auszeichnen oder Prüfen der Bestände. Es gibt viel unverpackte, lose Ware, feste Kosmetikprodukte wie Shampoos und Zahncremes ohne Plastikverpackung; das Bier kommt von einer Brauerei aus der Region.

Dieser Betrieb tendiert dazu, mit weniger Verpackungen zu arbeiten, ohne dabei einem speziellen System anzugehören und ohne dass er es sich eigens auf die Fahnen geschrieben hätte. Es ist jedoch eine logische Folge des Handels mit biologischen regionalen Produkten.

SCHLUSS-BETRACHTUNG

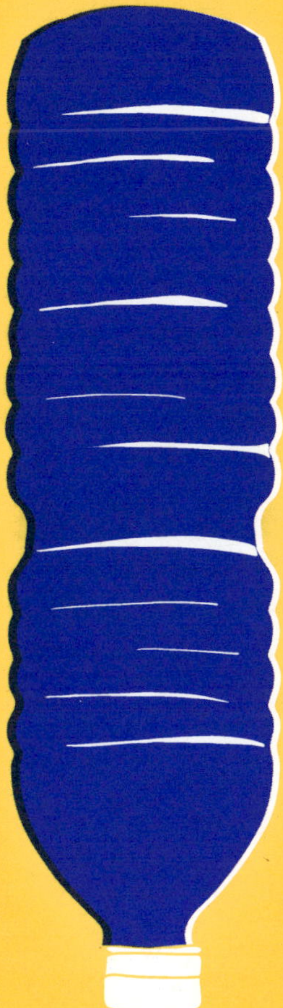

„Unsere Konzepte davon, wie Kunststoffe hergestellt, vertrieben, konsumiert werden und wie man mit ihnen handelt – unsere Weltwirtschaft – müssen sich ändern. [...] Das lineare Modell der geplanten Obsoleszenz, bei dem Produkte so entwickelt werden, dass man sie nach Gebrauch, manchmal bereits nach wenigen Sekunden wegwirft, muss auslaufen. [...] Die Regierungen müssen diesen Umbruch anführen, sie müssen die Hersteller verpflichten, die Verantwortung für den Lebenszyklus ihrer Produkte zu übernehmen."

Hier spricht kein Abgeordneter, kein Ökofreak und auch kein Zero-Waste-Aktivist. Diese Forderungen finden sich im Bericht der UNO vom Juni 2018, *The State of Plastics* – auf Seite 9, um genau zu sein. Und es tut gut, solch deutliche Worte von einer Weltorganisation zu hören, die für eher maßvolle Positionen bekannt ist.

DIE PRODUKTIONSKURVE WELTWEIT UMKEHREN

Erstes und oberstes Gebot muss ohne jeden Zweifel sein, **weniger Plastik zu produzieren.**

Wenn sich das Wachstum der Kunststoffproduktion im aktuellen Tempo fortsetzt, **könnte die Kunststoffindustrie im Jahr 2050 für 20 % des weltweiten Erdölverbrauchs verantwortlich sein.**

Es muss Schluss sein mit den Schuldzuweisungen an den Verbraucher; Recycling darf von den Regierungen nicht länger als die einzig mögliche Lösung präsentiert werden. Da gibt es andere, um die wir nicht mehr herumkommen werden.

DAS PFANDSYSTEM AUSWEITEN

Mitdenken, bitte! Man zerschlägt kein Glas, um aus den Scherben wieder Glas herzustellen. Man verwendet Flaschen wieder.

DIE HERSTELLER WELTWEIT IN DIE PFLICHT NEHMEN

Deutschland, Japan und Südafrika sind Vorreiter beim Recycling von PET-Flaschen: Hier ist das ganz klar der Job der Hersteller. Warum nicht überall so? Und für alle Verpackungen?

DIE UNO SAGT DAZU:
Bis 2030 könnte die Kunststoffproduktion auf 619 MILLIONEN Tonnen pro Jahr angestiegen sein.

DIE INDUSTRIE ZU ÄNDERUNGEN BEWEGEN UND AUCH ZWINGEN ...

In ihrem Bericht, der vor allem das Ende der Einwegkunststoffe empfiehlt, räumt die UNO ein, dass man die Industrie nicht so ohne Weiteres dazu bringt, Dinge zu ändern: „Es sind wissenschaftlich fundierte Studien erforderlich, um den Widerstand der Kunststoffindustrie zu überwinden." Doch solche Studien gibt es längst, ihre Ergebnisse sind bekannt – nur werden sie an den

Praktiken derer nichts ändern, die ausschließlich kurzfristige Umsatzziele und ihren Aktienkurs im Blick haben.

Die UNO empfiehlt daher, „der Industrie finanzielle Anreize zu setzen" und warnt: „Die Regierungen werden den Widerstand der Kunststoffindustrie einschließlich der Importeure und Händler für Plastikverpackungen zu spüren bekommen."

... INDEM MAN DIE POLITIK WACHRÜTTELT

Auch jene Organe und Vertreter, die zwar auf dem richtigen Weg sind, aber zu langsam und nicht immer in der richtigen Richtung.

UNSERE MACHT ALS VERBRAUCHER NUTZEN

➧ **Durch ein verändertes Konsumverhalten**

➧ **Durch den Boykott von Marken,** die ihrer Verantwortung seit Jahrzehnten nicht nachkommen (siehe Teil 1)

➧ **Durch Druck auf den Einzelhandel,** beispielsweise durch Aktionen wie Plastic Attacks (siehe Teil 3)

➧ Durch alternative Lösungen, **die aber nicht in anderen Bereichen zu neuen Probleme führen dürfen:** Wasserressourcen, fossile Ressourcen, CO_2-Produktion, Klimaerwärmung. Beispiel: Der Verzicht auf Plastiktüten hat in den USA zu einer Vervierfachung des Papiertütenverbrauchs geführt, schreibt Susan Freinkel in *Plastic, a toxic love story*. Nun ist Papier in seiner Herstellung aber energie- und wasseraufwendiger.

Letztlich geht es darum, dass jeder für sich zu einer gesunden Genügsamkeit findet und sich zugleich gegenüber den Marken und ihrer Werbung seinen freien Willen bewahrt.

Durch die Umstellung von Gewohnheiten lassen sich PRO PERSON UND JAHR BIS ZU 500 EURO SPAREN

Laut Ademe, der französischen Agentur für Umwelt und Energie.

QUELLEN UND BIBLIOGRAPHIE

TEIL 1

GELESEN:

- *Plastic, a toxic love story*, Susan Freinkel, Houghton Mifflin Harcourt, 2011
- *Plastic-itis. How plastic is affecting the health of our planet and your body*, Dr. Jose Barreto, Kindle Edition, 2015
- *Plastic Planet*, Werner Boote, Gerhard Pretting, orange-press Actes Sud, 2010
- *Production, use and fate of all plastics ever made*, R. Geyer, J. R. Jambeck, K. L. Law, Artikel in Science Advances, 19.07.2017
- *Imprégnation des femmes enceintes par les polluants de l'environnement en France en 2011*, Santé publique France, 2016
- *L'État des plastiques, Journées mondiales de l'environnement, Perspectives 2018*, UN Environment
- *Opération Clear Sweep*, Plastics Europe, Report 2017
- *Sabotage hormonal*, Publikation des Réseau des femmes en environnement (RQFE) in Zusammenarbeit mit dem Ministère de l'Éducation, des Loisirs et du Sport (MELS) und der Fernuniversität der Universität von Québec in Montréal, 2009

ZU RATE GEZOGEN:

- www.zerowastefrance.org
- www.plasticseurope.org/fr
- www.elipso.org
- www.novethic.fr (speziell: https://www.novethic.fr/actualite/infographies/isr-rse/infographie-tout-tout-tout-voussaurez-tout-sur-le-plastique-146089.html)
- www.asef-asso.fr
- www.ssents.uvsq.fr/IMG/pdf/Ecotox_Aquat.pdf
- https://orbmedia.org/blog/water-tap-bottled-microplastics
- www.ecologique-solidaire.gouv.fr
- www.anses.fr (Agentur für Nahrungssicherheit, Umwelt und Arbeitsschutz)
- www.ademe.fr (Agentur für Umwelt und Energie)
- www.citeo.com
- www.bioplastique.org

GESEHEN:

- *Cash Investigation: Plastique, la grande intox*, Sandrine Rigaud, France 2, septembre 2018
- *Demain*, Cyril Dion et Mélanie Laurent, 2016

TEIL 2

GELESEN:

- *Écolo book, comment devenir écolo sans devenir chiant*, Professeur Feuillage, First éditions, 2017
- *Famille Zéro déchet*, Jérémie Pichon, Bénédicte Moret, Thierry Souccar, 2016
- *Le Zéro déchet*, Camille Ratia, Rustica, 2018
- *Zéro déchet*, Béa Johnson, J'ai lu, 2013
- *Zéro plastique, zéro toxique*, Aline Gubri, Thierry Souccar, 2017

WEITERFÜHREND

LESEN:

- *Plastic Ocean*, Charles Moore, Penguin Random House, 2011

ANSCHAUEN:

- *Plastic China*, Jiu-Lian Wang, 2016

FÜR DIE DEUTSCHE AUSGABE

- „Plastikstrategie für Deutschland", Deutsche Umwelthilfe e. V., 2018
- „Schluss mit dem Müll: Ressourcenschutz in Supermärkten und Drogerien", Deutsche Umwelthilfe e. V., 2017
- „Cutting the Crap: die Vorteile einer Strategie zu weniger Ressourcenverbrauch in deutschen Supermärkten", SumOfUs, Report basierend auf Analysen von Changing Markets, Wuppertal Institute und Rank a Brand, 2016
- „Bioplastik – Mythen und Fakten", Deutsche Umwelthilfe e. V., 2018
- „Stoffstrombild Kunststoffe in Deutschland 2017", Conversio, 2018
- „Plastic waste inputs from land into the ocean", Jambeck et. al., Science 347, 768 (2015)
- „Konsum, Bedarf und Wiederverwendung von Bekleidung und Textilien in Deutschland", bvse – Bundesverband Sekundärrohstoffe und Entsorgung e.V., 2015
- „Konsumkollaps durch Fast Fashion", Greenpeace, 2017
- „Verpackung im Fokus: Die Rolle von Circular Economy auf dem Weg zu mehr Nachhaltigkeit", PricewaterhouseCoopers, 2018
- „Einweggeschirr und To-Go-Verpackungen – Abfallaufkommen in Deutschland 1994 bis 2017", NABU e. V., 2018
- www.bmu.de
- www.bund.net
- www.careelite.de
- www.destatis.de
- www.dnr.de
- www.duh.de
- www.eggbi.eu
- www.kueste-gegen-plastik.de
- www.mehrweg-mach-mit.de
- www.utopia.de

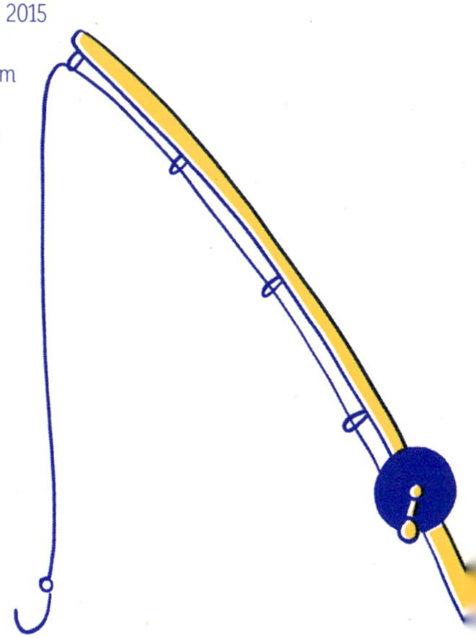

EIN GROSSES DANKESCHÖN an meine Freunde Isabelle, Anne-Laure, Philippe und Loïc fürs Zuhören, für ihre Unterstützung und ihren Einsatz bei der Plastic Attack (besondere Erwähnung verdient hier Rachel).

Außerdem danke ich Arnaud für seine Impulse und unsere angeregten Diskussionen.

Matthieu und Marie danke ich für die Tests, die sie an meiner Stelle durchgeführt haben!

Schließlich danke ich meinen Kindern, die immer die richtigen Fragen stellen und es ohne großes Maulen akzeptiert haben, auf eine Menge unnötiger (und doch so verlockender) Produkte verzichten zu müssen.

EINE ANMERKUNG? EINE IDEE?

Ihr könnt mir gerne schreiben! sophienoucher@gmail.com